"十四五"职业教育国家规划教材

中等职业教育化学工艺专业系列教材

化工设备基础

HUAGONG SHEBEI JICHU

刘尚明　主编　　　　王会祥　胡宜生　副主编

沈晨阳　主审

化学工业出版社

·北京·

本书是根据教育部近期制定的《中等职业学校化学工艺专业教学标准》，由全国石油和化工职业教育教学指导委员会组织编写的全国中等职业学校规划教材。

本书共分八个项目，主要包括化工设备基础知识、反应器、塔设备、换热器、泵、压缩机、其他类型化工设备和化工管路及管钳工基本操作，涵盖了化工生产常用的设备。本书紧密结合企业生产实际、参考国家相关职业标准和规范，重点介绍了化工常用设备的基本结构、作用及工作原理，分析了常用化工设备的常见故障、产生原因，处理措施及常用化工设备的常规维护和保养方法。

本书可作为中等职业学校化学工艺专业或其他相近专业的教材，也可作为相关行业岗位培训及有关人员自学用书。

图书在版编目（CIP）数据

化工设备基础/刘尚明主编．—北京：化学工业出版社，2015.7（2025.2重印）

"十二五"职业教育国家规划教材

ISBN 978-7-122-23822-1

Ⅰ.①化…　Ⅱ.①刘…　Ⅲ.①化工设备-高等职业教育-教材　Ⅳ.①TQ05

中国版本图书馆 CIP 数据核字（2015）第 088083 号

责任编辑：旷英姿　　　　　　　　　　　文字编辑：向　东
责任校对：边　涛　　　　　　　　　　　装帧设计：王晓宇

出版发行：化学工业出版社（北京市东城区青年湖南街 13 号　邮政编码 100011）
印　　装：河北延风印务有限公司
787mm×1092mm　1/16　印张 8¾　字数 210 千字　2025 年 2 月北京第 1 版第 12 次印刷

购书咨询：010-64518888　售后服务：010-64518899
网　　址：http://www.cip.com.cn
凡购买本书，如有缺损质量问题，本社销售中心负责调换。

定　　价：30.00 元

前 言

本书依据教育部修订的中等职业学校化学工艺专业教学标准组织编写。在新修订的标准中，《化工设备基础》课程是化学工艺专业课程体系中的核心课程，本书编写突出核心课程的地位和作用。在内容选取上严格执行新标准的要求，紧密结合企业生产实际，以学生的职业能力培养为出发点，深浅适度、详略得当。在内容编排上，改变章节式编排、纯文字叙述的形式，采用项目、任务式结构。在内容表达上充分考虑学生学习特点及认知规律，表达方式灵活、多样，使学生乐学、易学。本书紧密结合知识点、技能点，有机融入素质拓展内容，实现立德树人根本任务。

本书可作为职业院校化工类专业及相关专业的教材，也可以作为企业培训的培训教材和社会人士进行自学的参考资料。

全书共分八个项目，本溪市化学工业学校刘尚明老师任主编，并编写项目一，负责统稿和修改。云南技师学院王会祥、安徽化工学校胡宜生两位老师任副主编，王会祥老师编写项目八，胡宜生老师编写项目四。沈阳市化工学校孙琳老师编写项目三，本溪市化学工业学校宋清丽老师编写项目二，淄博市工业学校刘爱武老师编写项目五，河南化工技师学院王涛玉老师编写项目六，济宁技师学院韩啸老师编写项目七。上海石化工业学校沈晨阳老师任本书主审，辽宁北方煤化工有限公司杜杰工程师任副主审。为方便教学，本书配套有电子课件。

本教材第8次印刷紧密结合知识点和技能点，有机融入素质拓展内容，体现党的二十大报告中提出的"全面贯彻党的教育方针，落实立德树人根本任务""推进生态优先、节约集约、绿色低碳发展"的精神和理念，帮助学生在学习专业技能的同时，提高道德素养；树立和践行绿水青水就是金山银山的理念，为推进美丽中国建设打下基础。

在本书前期的策划及大纲、样章的编写过程中，常州工程职业技术学院陈炳和教授对此书提出宝贵的意见和建议，对保证书的高质量编写提供了有力的支持。本书的编写还得到上海石化工业学校章红老师的编写建议，在资料收集中得到株洲南方阀门有限公司的大力支持，在此一并表示感谢。

由于编写水平有限，编写时间仓促，本书难免出现不妥之处，敬请读者批评指正。

编 者

前　言

目 录

项目一

学习化工设备基础知识

学习目标

① 了解化工生产对化工设备的要求；
② 认识本课程涉及的有关规范并会查询；
③ 了解化工设备的种类、使用材料类型、特性及应用；
④ 了解化工设备管理知识。

任务一
了解化工设备基础知识

在学习本课程时，可以到附近的化工企业参观、实践，或者上网搜寻化工企业的视频、图片。

呈现在眼前的是不是如图 1-1 所示这样的场景呢？

图 1-1　化工企业厂区

正如我们所见，化工企业由大大小小、各式各样的设备组成，其中大部分是化工设备。

一、化工设备的定义及分类

1. 化工设备的定义

化学工业又称化学加工工业，泛指生产过程中化学方法占主要地位的过程工业。化学工业是利用化学反应改变物质结构、成分、形态等生产如无机酸、碱、盐、稀有元素、合成纤维、塑料、合成橡胶、染料、涂料、化肥、农药等化学产品。

　　化学工业生产中所用的机器和设备的总称叫化工设备。化工生产中为了将原料加工成一定规格的成品，往往需要经过原料预处理、化学反应以及反应产物的分离和精制等一系列化工过程，实现这些过程所用的机械，常常都被划归为化工设备。

2. 化工设备的分类

① 化工设备通常可分为两大类，动设备和静设备。

动设备如图 1-2 所示，这些设备的主要作用部件是运动的，所以叫动设备。

破碎机　　　　　　　　　　　离心分离机

搅拌机　　　　　　　　　　　泵

图 1-2　动设备

静设备如图 1-3 所示，这些设备主要作用部件是静止的或者只有很少的运动。

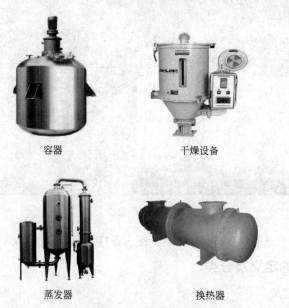

容器　　　　　　　　　　　干燥设备

蒸发器　　　　　　　　　　换热器

图 1-3　静设备

化工设备除上图显示的之外还有很多设备，但区分的关键是看主要作用部件是运动还是静止。

什么是"主要作用部件"呢？

在化工设备中起到核心功用的，占有主要地位的部件，如泵中的叶轮、塔的塔体等。

知识拓展：化工设备的另一种叫法

在化工企业，许多设备维修人员又把化工设备称为化工机械，动设备称为化工机器，静设备称为化工设备。

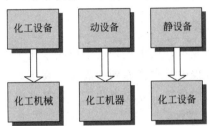

② 按结构特征和用途分容器、塔器、换热器、反应器（包括各种反应釜、固定床或液态化床）和管式炉等。

③ 按结构材料分金属设备、非金属设备和非金属材料衬里设备。

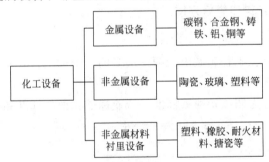

④ 按受力情况分外压设备（包括真空设备）和内压设备，内压设备的分类见图1-4。

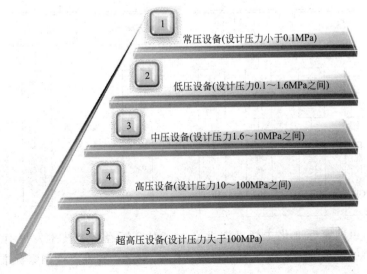

1 常压设备(设计压力小于0.1MPa)

2 低压设备(设计压力0.1～1.6MPa之间)

3 中压设备(设计压力1.6～10MPa之间)

4 高压设备(设计压力10～100MPa之间)

5 超高压设备(设计压力大于100MPa)

图1-4 内压设备分类

知识链接：压力锅

　　压力锅是一种内压容器，它是 1967 年法国物理学家德尼·帕潘发明的。压力锅靠独特的高温、高压功能，大大缩短了做饭的时间，节约了能源。请上网查查，压力锅的工作压力是多少？

二、化工生产对设备的要求

化工产品的质量、产量和成本，在很大程度上取决于化工设备的完善程度，而化工设备本身的特点必须能适应化工过程中经常会遇到的高温、高压、高真空、超低压、易燃、易爆以及强腐蚀性等特殊条件。近代化学工业要求化工设备具有以下特点：

① 具有连续运转的安全可靠性；

② 满足操作条件要求的力学性能；

③ 具有优良的耐腐蚀性能；

④ 工作状态下密封性能良好；

⑤ 低成本、低能耗，操作维修方便。

三、化工设备规范

标准、规范、规程是在工程领域出现频率最多的三个词汇，其实它们都是标准的一种表现形式，可以统称为标准。

我国标准体制目前分为四级，国家标准、行业标准、地方标准和企业标准。

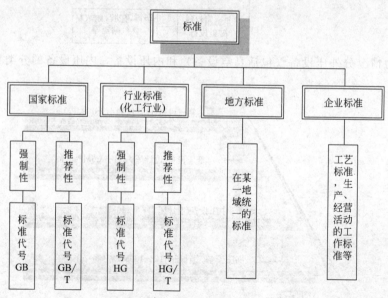

国家标准指由国家标准化主管机构批准发布对全国经济、技术发展有重大意义，且全国范围内统一的标准。国家标准分强制国家标准（GB）和推荐性国家标准（GB/T），见图 1-5。

图 1-5　国家标准

图 1-6　化工行业标准

行业标准是在全国某个行业范围内统一的标准，化工行业标准是化工行业的统一标准，该标准编号以 HG 开头，见图 1-6。

国家和行业标准编号由标准代号、标准发布顺序号和标准发布年号（发布年份）构成。

编号 GB 150—1998《钢制压力容器》，GB 开头证明是国家颁布标准，该标准顺序号 150，1998 年颁布。

编号 HG 20652—1998《塔器设计技术规范》，HG 开头表示为化工行业标准，标准顺序号 20652，1998 年颁布。

地方和企业标准是由某区域和某企业制定和实行的标准。企业标准由企业自行制定，一种需要上报备案，另一种不需要备案，只要企业好用并得到认可就行。

能力拓展：查阅标准

① 分清是国家、行业还是地方或企业标准。

② 网络查找是一种有效的方法，试试登陆国家标准文献共享服务平台：http://www.cssn.net.cn/。

任务二
学习化工设备材料

生活中的各种日常用品和生产中的各种机器设备，都是由不同材料制成的。

一、工程材料的分类

工程材料是用在化工、机械、能源、建筑等领域的材料。工程材料一般分为金属材料、非金属材料和复合材料三大类。

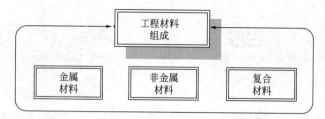

金属材料是工程应用最重要的材料，如图1-7～图1-9所示。

图1-7　钢铁制件　　　　图1-8　不锈钢管　　　　图1-9　铜管件

非金属材料和复合材料因为具有金属材料所不及的优异性能，所以在近代工业及日常生活中的用途不断扩大。

知识拓展：复合材料的应用

法国空客公司生产的A350，机身结构的复合材料用量达到52%，而钢材用量仅仅为7%，见图1-10。

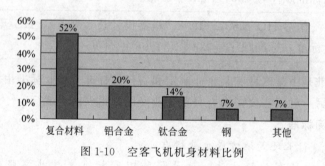

图1-10　空客飞机机身材料比例

二、金属材料的主要性能

1. 力学性能

材料的力学性能又称机械性能，是材料在外力作用下表现出来的性能。力学性能对金属材料的使用有着非常重要的影响。描述力学性能的指标很多，主要有强度、硬度、塑性、韧性、疲劳强度等。

（1）材料的强度

强度是金属材料在外力作用下，抵抗产生塑性变形（不可恢复的变形）和断裂的能力，抵抗塑性变形和断裂的能力越强，强度越高。常用的强度指标是抗拉强度和屈服强度。

抗拉强度是材料受拉断裂前的最大应力值，称为强度极限或抗拉强度，用σ_b表示。

屈服强度是材料拉伸时，当作用力超过一定值，材料的变形增加加快，材料会产生塑性变形。当作用力继续增加，塑性应变急剧增加，这种现象称为屈服，发生屈服时的应力称为屈服极限，用σ_s表示。

（2）材料的硬度

硬度是金属材料抵抗硬物压入的能力，或者说金属表面抵抗局部塑性变形的能力。硬度不是一个单纯的物理量，它是反映材料强度、塑性和弹性等的综合性指标。硬度越高，材料的耐磨性越好。

实践表明，材料的强度和硬度是相关的，强度越高，塑性变形抗力越高，硬度值也就越高。

知识链接：最硬的矿物

钻石（金刚石）是目前已知自然界中最硬的物质，绝对硬度是石英的 1000 倍，刚玉的 150 倍，在工业上常用作钻头、刀具、精密轴承等。

（3）材料的塑性

塑性是指金属材料受力后发生变形而不被破坏的能力。塑性好的金属材料在加工时受到的抗力小，变形充分，可以获得优良的加工性能。

同时，塑性好的材料在超负荷工作时，可以产生塑性形变，避免突然断裂破坏。

（4）材料的冲击韧性

工程中不少零件，如压缩机的曲轴、汽车发动机的连杆等在工作中都要承受冲击载荷，如图 1-11、图 1-12 所示。冲击载荷所引起的变形和应力比静载荷时大得多，因此承受冲击载荷的零件除要求高的强度和一定的硬度外，还必须具有足够的韧性。这种抵抗冲击载荷而不被破坏的能力称为冲击韧性。

图 1-11 压缩机曲轴

图 1-12 汽车发动机连杆

（5）疲劳强度

许多化工设备零部件在工作过程中受到大小、方向随时间呈周期性变化的载荷作用，而在无数次这种载荷作用下，能承受不被破坏的最大应力就是疲劳强度。

实践表明，损坏的机械零件中，80％的断裂是由金属疲劳造成的。

反复正反向弯曲细铁丝，不需要多大的力，弯曲一定的次数后铁丝折断了，但是单方向弯曲铁丝就不会断，这是什么原因造成的破坏呢？

铁丝发生了疲劳破坏。

2. 物理性能

金属材料的物理性能有密度、熔点、导热性、热膨胀性、磁性和耐磨性等。

金属材料的物理性能对金属加工有一定的影响，如进行不同种类的钢板焊接时，就要考虑它们热膨胀性要接近，否则因为受热变形不同会使构件损坏。

3. 化学性能

金属材料的化学性能主要是指在常温或高温时，抵抗各种介质侵蚀的能力，如耐酸性、耐碱性、抗氧化性等。

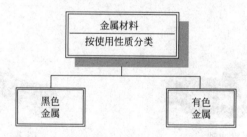

金属材料的化学性能一般包括抗氧化性和抗腐蚀性。抗氧化性是指金属材料在高温时抵抗氧气或其他如水蒸气等介质作用的能力。耐腐蚀性是金属材料抵抗各种介质（大气、酸、碱、盐）侵蚀的能力。

因为化工设备常在高温或腐蚀介质下工作，故在设计时特别注意金属材料的化学性能，并采用化学稳定性良好的材料制造。

4. 工艺性能

工艺性能是金属材料物理、化学性能和力学性能在加工过程中的综合反映，是指是否易于进行冷、热加工的性能。按工艺方法的不同，

耐腐蚀管道泵

可分为铸造性、可锻性、焊接性和切削加工性等。

三、金属材料的分类及常用的金属

1. 金属材料的分类

化工设备所用的金属材料一般不用纯金属，主要以合金为主。合金是一种金属与其他金属或非金属熔合在一起的金属材料，合金材料具有比金属材料更好的物理和化学性能，优良的力学性能和工艺性能。最常用的合金是以铁为基础的铁碳合金，俗称钢铁，另外还有以铜、铝为基础的有色合金。

金属材料一般有两种分类方法。

（1）按使用分类

```
        ┌──────────────────┐
        │   金属材料        │
        │ 按使用性质分类    │
        └──────────────────┘
          ┌──────────┴──────────┐
    ┌──────────┐          ┌──────────┐
    │  黑色    │          │  有色    │
    │  金属    │          │  金属    │
    └──────────┘          └──────────┘
```

① 黑色金属　指铁和铁的合金，如铸铁、钢、铁合金等。

② 有色金属　除黑金属外的所有金属和合金，如铜、铝、锡等及黄铜、青铜、铝合金等。

（2）按组成成分分类

```
        ┌──────────────────┐
        │   金属材料        │
        │ 按组成成分分类    │
        └──────────────────┘
          ┌──────────┴──────────┐
    ┌──────────┐          ┌──────────┐
    │  纯金属  │          │  合金    │
    │(简单金属)│          │(复杂金属)│
    └──────────┘          └──────────┘
```

① 纯金属　只有一种金属元素、不含其他杂质的金属，因为纯金属种类有限、价格较高，因此在工业上很少应用。

② 合金　一种主要金属与另外一种或几种物质组成，其种类很多，应用非常广泛。如钢是铁碳合金、黄铜是铜锌合金。

2. 铸铁

含碳量在 $2\%\sim4.5\%$ 之间的铁碳合金叫做铸铁。碳在铸铁中以游离状态的石墨存在，铸铁的力学性能与石墨的存在形状、大小和分布有关。

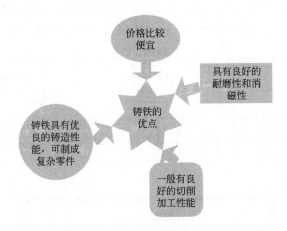

（1）灰铸铁

铸铁中的碳大部分或全部以片状石墨形式存在，使灰铸铁的抗拉强度和塑性不高，但是灰铸铁具有良好的减振和耐磨性，具有好的铸造工艺性以及切削加工性能。

灰铸铁在工业和民用生活中应用得非常广泛，如制造支柱、罩壳、齿轮箱、烧碱大锅、淡盐水泵、纯碱或染料介质中工作的化工零件等。

（2）可锻铸铁

可锻铸铁中的碳以团絮状石墨的形式存在，对基体的割裂作用较小，因此它的力学性能比灰铸铁好，具有较高的塑性和韧性，故又称为韧性铸铁。可锻铸铁实际并不可以锻造，只不过因为具有一定的塑性变形能力，所以叫可锻铸铁。

（3）球磨铸铁

碳在铸铁基体中以球状石墨形式存在，与灰铸铁相比，强度和塑性都有提高，和钢相比，除塑性、韧性稍低外，其他性能均接近，是一种同时兼有钢和铸铁优点的优良材料，因此得到了广泛应用，见图 1-13、图 1-14。

图 1-13　球磨铸铁井盖

图 1-14　球磨铸铁管件

（4）特殊性能铸铁

具有某些特性的铸铁，根据用途不同，可分为耐磨铸铁、耐热铸铁、耐蚀铸铁等。这些铸铁一般是加入适量的合金元素后形成的，如加入硅形成耐蚀铸铁、加入铬形成耐热铸铁。这类铸铁应用也较为广泛，如化工设备的泵、阀门常用此材料制造。

3. 钢

（1）钢的分类

钢材在工程建设各个领域中应用都是极其广泛的，它是生产、生活必不可少的物质。钢是含碳量小于 2.11% 的铁碳合金，除了碳之外，铁碳合金中还含有少量的磷、硫、硅、锰等元素。硫、磷在钢材中是有害的杂质，硫、磷含量越小，钢材的质量越好。

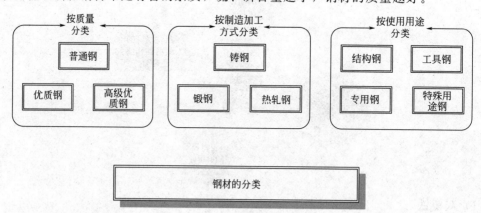

普通钢 优质钢 高级优质钢 — 按质量分类

铸钢 锻钢 热轧钢 — 按制造加工方式分类

结构钢 工具钢 专用钢 特殊用途钢 — 按使用用途分类

钢材的分类

（2）普通碳素结构钢

普通碳素结构钢又称普通碳素钢，含碳量较低，以小于 0.25% 最为常用，其中大部分用作焊接、铆接的钢结构件，少数用于制作各种机器部件。

① 价格低廉。

② 应用范围非常广泛。

（3）优质碳素结构钢

优质碳素结构钢是含碳小于 0.8% 的碳素钢，这种钢中所含的硫、磷及非金属夹杂物比碳素结构钢少，力学性能较为优良，多用于重要的零部件，应用非常广泛。

依据含碳量的不同，这种钢分为低碳钢、中碳钢、高碳钢。

4. 合金钢

合金钢是为了改善碳钢的性能，特意在钢中加入一种或几种适量的合金元素，如铬、镍、钛、锰、钼、钒等，根据添加元素的不同，并采取适当的加工工艺，可获得高强度、高韧性、耐磨、耐腐蚀、耐低温、耐高温、无磁性等特殊性能。

化工行业常用低合金结构钢、合金结构钢，而合金结构钢中常用到不锈耐酸钢和耐热钢。

① 低合金结构钢，在化工设备上广泛应用，如锅炉、压力容器等。

② 合金结构钢

a. 不锈耐酸钢，应用在需要耐大气及较弱介质腐蚀的场合。

b. 耐热钢，抵抗高温蠕变及高温氧化的钢。

5. 有色合金材料

有色合金材料是在一种有色金属中加入一种或几种元素而构成的合金。

（1）铜合金

常见的铜合金有黄铜、白铜及青铜等。以锌为主要增加元素的铜合金称为黄铜，黄铜在生产及日常生活中应用非常广泛，图 1-15 是黄铜的一种应用。白铜是以镍为主要添加元素的合金，因为力学性能和耐蚀性好，色泽美观，广泛用于制造精密机械、化工机械和船舶构件，以及日常生活用品，如图 1-16 所示。青铜是铜、锡、铅的合金，具有硬度大、可塑性强、耐磨、耐腐蚀等优点，通常铸造轴承、齿轮等。

图 1-15　黄铜阀门

图 1-16　白铜制地漏

知识链接：青铜之王——后母戊鼎

　　博大精深的中华文明中，青铜文化是中华文明的见证。中国国家博物馆收藏的被誉为"青铜之王"的商代铜鼎——后母戊鼎，重达 832.84kg，是目前已经发现的中国古代最重的单体青铜礼器，也是中国青铜文化的代表。

（2）铝合金

铝合金密度低、强度高，接近或超过优质钢。铝合金的塑性好，可加工成各种型材，且具有优良的导电性、导热性、耐蚀性。因此，铝合金是工业中应用最广泛的一类有色金属材料，在航空、航天、汽车、机械制造、船舶及化学工业中大量应用。

四、非金属材料

非金属材料可分为无机材料和有机材料两大类。在某些场合，非金属材料可代替金属材料，是化学工业不可缺少的材料。

1. 无机非金属材料

无机非金属材料是以某些元素的氧化物、碳化物等物质组成的材料。化工生产中常用到的有化工陶瓷、化工搪瓷、玻璃等。

① 化工陶瓷是耐蚀材料，常用作设备衬里。

② 化工搪瓷可抵抗除强碱外的酸、盐、有机溶剂和弱碱。

③ 玻璃可以耐除氢氟酸、热磷脂和浓碱之外的一切酸和有机溶剂的腐蚀。

2. 有机非金属材料

在化工生产中常用的有机非金属材料主要有橡胶、玻璃钢、塑料等。

（1）橡胶

橡胶分为天然橡胶和合成橡胶，因为具有良好的防渗透性和耐蚀性，化工生产中常用在设备衬里层或复合衬里层中的防渗层，并可作为密封材料。

（2）玻璃钢

玻璃钢的强度高、加工性好、耐蚀性高，经常制造化工生产中的容器、塔、储槽、管道、阀门等设备。

（3）塑料

塑料是以高分子合成树脂为基本原料，在一定温度下塑制成型，并在常温下保持形状不变的材料，塑料应用非常广泛。

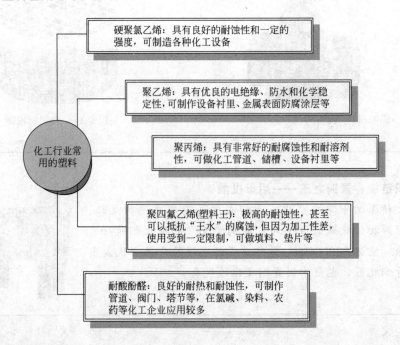

知识拓展：纳米材料

纳米材料是指在三维空间中至少有一维处于纳米尺度范围（1～100nm）或由它们作为基本单元构成的材料，这大约相当于10～100个原子紧密排列在一起的尺度。纳米金属材料是20世纪80年代中期研制成功的，后来相继问世的有纳米半导体薄膜、纳米陶瓷、纳米瓷性材料和纳米生物医学材料等。

化工设备采用纳米材料技术的一个主要应用是对机械关键零部件进行金属表面纳米粉涂层处理，可以提高机械设备的耐磨性、硬度和使用寿命。

任务三
了解化工设备管理知识

一、设备管理的目的、意义

目前，我国采用并逐步推进的设备管理是指对设备的一生实行综合管理，即以企业经营目标为依据，通过一系列技术、经济、组织措施，对设备规划、设计、制造、安装一直到设备报废的全过程的管理。

设备管理具有以下重要意义：

① 选用技术上先进、经济上合理的设备，充分发挥设备效能；

② 保障化工设备完好，预防各类事故的发生；

③ 对老、旧设备不断进行技术革新和技术改造，合理地做好设备更新工作，取得良好设备投资效益。

二、设备管理

1. 设备的使用管理

① 正确、合理地使用设备，实行持证上岗制度。使用经过培训的人员，安全操作设备。

② 针对不同生产工艺流程及设备特点建立健全一系列规章制度，并严格执行。

③ 明确责任，强化监督。

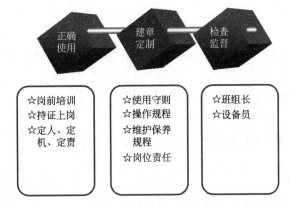

2. 设备的维护保养

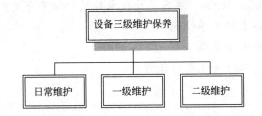

（1）日常维护

由操作工人进行的清洗、检查等工作。

（2）一级维护

操作人员为主、维修人员为辅，进行的重点拆卸、紧固复位、局部调整等工作。

（3）二级维护

检修人员进行的系统检查、全面润滑、修复缺陷等工作。

3. 设备的资产管理

设备资产是指列入固定资产的设备，设备资产管理是包含固定资产清理、核算和评估等对设备实物和价值进行控制、分析和实施管理的工作，这是企业重要的基础性工作之一。

4. 设备的润滑管理

机器设备一生最关键的保养内容就是检查和润滑。润滑管理主要包括润滑技术管理和润滑物资管理。具体就是组织人员、建章定制、有效管理。

三、设备的计划检修管理

以检修间隔期为基础，编制检修计划，对设备进行预防性修理。具体分为小修、中修、大修。

小修是简单的保养性的修理。

中修是工作量较大的一类修理，一般要求对设备进行部分解体、修复或更换磨损的部件，校正设备的基准，更换不能使用到下次中修的主要零部件。

大修指在规定期限内对设备定期进行检修、维护，或者对已带病运行的设备进行检修维护。在化工企业、大修往往指整个系统进行停车修理。

 项目小结

1. 化工设备分类

动设备和静设备。

2. 标准

国家标准、行业标准（化工行业标准以 HG 开头）、地方标准、企业标准。

3. 化工设备材料

金属材料、非金属材料。

4. 化工设备管理

强化设备一生的管理，注重小修、中修、大修。

思考与练习

1. 按主要工作部件运动与否，化工设备如何进行分类？

2. 怎么解释 HG 20652—1998《塔器设计技术规范》编号含义？

3. 金属材料有哪些基本的力学性能？

4. 钢有何用途，主要有哪些类型？

5. 设备的计划检修具体分为几类修理方式？

项目二

熟悉反应器

 学习目标

① 了解化工生产对反应器的基本要求和反应器结构及分类；

② 熟悉釜式反应器的常用部件；

③ 了解其他反应器的原理、结构及应用场合；

④ 识别釜式反应器的常见故障，简单分析判断故障原因，会采取相应处理措施，会进行常规的维护和保养。

任务一
了解反应器

在化工生产车间中，经常见到如图 2-1 所示的设备，这些设备内部进行化学反应。在化工生产过程中，为化学反应提供反应空间和反应条件的装置，称为反应设备或反应器。

图 2-1　化工反应场景

一、反应器的应用

反应器广泛应用于石油、化工、医药、农药、橡胶、染料等行业中，参加反应的物料可以是气体、液体、固体等。反应器对产品生产的产量和质量起着决定作用。

二、反应器的分类

在有机化工等生产中，化学反应的种类很多，操作条件差异很大，物料的聚集状态也各不相同，因此形成了各种不同的与其相适应的工业反应器类型。为了便于了解各种反应器的特点及选用适宜的反应器，下面介绍常用的反应器分类方法。

1. 根据物料的聚集状态分类

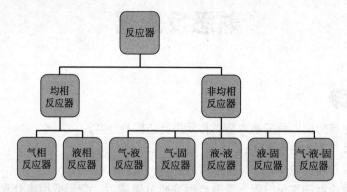

2. 根据反应器结构形式分类

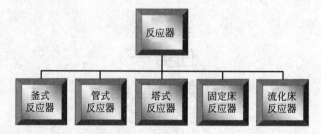

常见典型反应器的示意图，如图 2-2 所示。

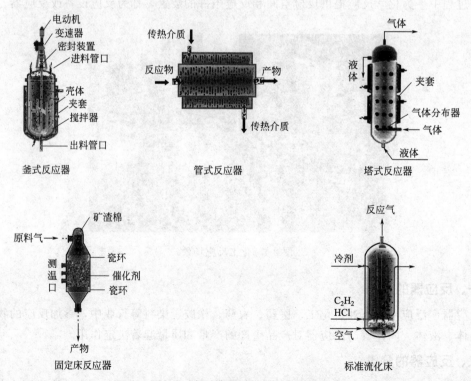

图 2-2 常见典型反应器的示意图

3. 根据操作方法分类

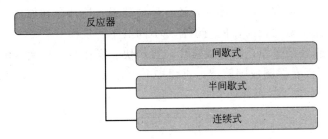

4. 根据传热方式分类

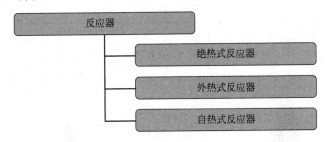

本项目重点介绍在化工生产中应用最广泛的釜式反应器。

三、搅拌反应釜的原理

物料由上部加入釜内（有时是几种原料一次加入，有时则分段加入），在搅拌器的作用下迅速混合并进行反应。若需要加热，可在夹套和蛇管内通入加热蒸汽，如果需要冷却，则在夹套或蛇管内通入冷却水或冷冻剂。反应结束后，物料由釜体的底部放出。

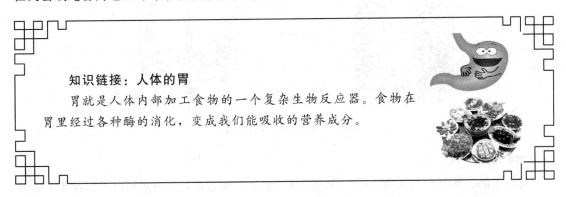

知识链接：人体的胃

胃就是人体内部加工食物的一个复杂生物反应器。食物在胃里经过各种酶的消化，变成我们能吸收的营养成分。

任务二
熟悉典型反应设备的部件

搅拌反应釜是一种典型的反应设备，广泛应用于化工、轻工、化纤、医药等行业。它是在一定压力和温度下，将一定容积的两种或多种液态物料搅拌混合，促进其化学反应的设备；通常伴有热效应，由换热装置输入或移出热量。

在化工企业，釜式反应器因原料的物态、反应条件和反应效应的不同有多种多样的类型和结构，但它们具有以下共同特点：

① 结构基本相同，除有反应釜体外，还有传动装置、搅拌器和加热（冷却）装置等；

② 操作压力、操作温度较高，使用于各种不同的生产规模；

③ 可间歇操作或连续操作，具有投资少，投产快、操作灵活性大等优点。

釜式反应器由钢板卷焊制成圆筒体，再焊接上由钢板压制的标准釜底，并配上釜盖、夹套、搅拌器等部件，如图 2-3 所示。

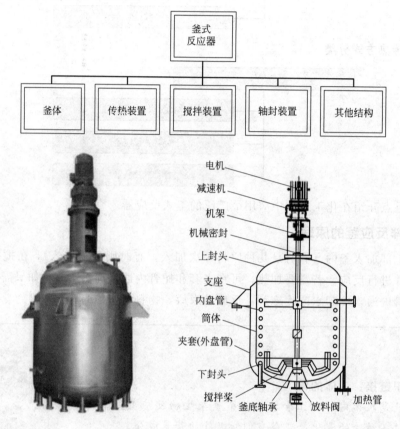

图 2-3　釜式反应器的结构图

一、釜体

反应釜的釜体是容纳物料进行反应的容器。釜体中的筒体基本做成圆筒形，封头常做成椭圆形封头、锥形封头和平盖，以椭圆形封头应用最广，如图 2-4 所示。

图 2-4　反应釜的釜体外观图

根据工艺需要，釜体上装有各种接管，以满足进料、出料、排气等要求。为对物料加热或取走反应热，常设置外夹套或内盘管。上封头焊有凸缘法兰，用于釜体与机架的连接。操作过程中为了对反应进行控制，必须测量反应物的温度、压力、成分及其他参数，容器上还设置有温度、压力等传感器。支座选用时应考虑釜体的大小和安装位置，小型的反应器一般用悬挂式支座，大型的用裙式支座或支承式支座。

二、搅拌装置

反应釜安设搅拌装置的主要作用是使物料混合均匀，强化釜内的传热和传质过程。在化学工业中常用的搅拌装置是机械搅拌装置。

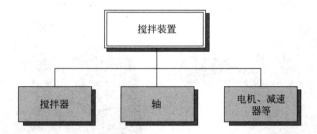

1. 搅拌器

如图 2-5 所示，搅拌器是实现搅拌操作的主要部件，它能产生强大的搅拌能量。搅拌器主要的组成部件是叶轮，它把机械能施加给液体，促使液体运动。搅拌器有桨式、框式、锚式、推进式、涡轮式等。

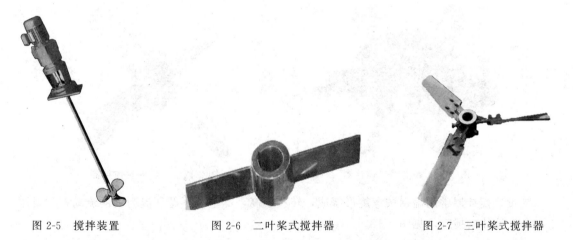

图 2-5　搅拌装置　　　　图 2-6　二叶桨式搅拌器　　　　图 2-7　三叶桨式搅拌器

桨式搅拌器结构简单，适用于流动性大、黏度小的液体物料，也适用纤维状和结晶状的溶解液，如图 2-6、图 2-7 所示。

锚式搅拌器结构简单，搅动物料量大，当流体黏度较大时，在锚式桨中间加一横桨叶，即为框式搅拌器，以便增加容器中部的混合。这类搅拌器常用在传热、晶析操作和高黏度液体的搅拌，如图 2-8、图 2-9 所示。

推进式搅拌器能使物料在釜内循环流动，上下翻腾效果好，适宜黏度低、流量大的场合，常用在固体溶解、结晶、悬浮等操作，如图 2-10 所示。

涡轮搅拌器分圆盘和开启两种形式，它与桨式搅拌器相比，桨叶数量多、种类多、桨的转速高。这种搅拌器的主要优点是当能量消耗不大时，搅拌效率高，因此适合于乳浊液、悬浮液等，如图 2-11、图 2-12 所示。

图 2-8　锚式搅拌器

图 2-9　框式搅拌器

图 2-10　推进式搅拌器

图 2-11　圆盘涡轮搅拌器

图 2-12　开启涡轮搅拌器

　　螺带式搅拌器常用扁钢按螺旋形绕成，转速不高，产生上下循环流为主的流动，主要用于高黏度液体的搅拌，见图 2-13。

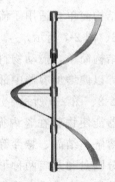

图 2-13　螺带式搅拌器

2. 轴、电机等辅助部件和附件

辅助部件和附件是传递动力和改善流动状态而增加的部件。

三、传热装置

传热装置是用来加热或冷却反应物料，使之符合工艺要求的温度条件的设备。传热装置有夹套结构的壁外传热和釜内装设换热管传热形式，应用最多的是夹套传热。当反应釜采用衬里结构或夹套传热不能满足温度要求时，常用蛇管传热方式。

1. 夹套传热及其结构

在釜体外侧，以焊接或法兰连接的方法装设各种形状的外套，与釜体外表面形成密闭的空间，在此空间内通入蒸汽或冷水等，用来加热或冷却釜内的物料，维持物料的温度在规定的范围，这种结构称为夹套，如图 2-14 所示。夹套与反应釜的间距视反应釜直径大小采取不同的数据，一般取 25～100mm。夹套的高度取决于传热面积，而传热面积由工艺要求确定，但需注意夹套高度一般高于料液的高度，应比釜内液面高出 50～100mm，以保证充分传热。

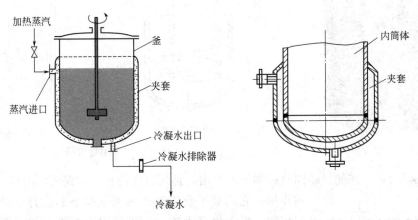

图 2-14　夹套传热示意图

常用的夹套形式为整体夹套，整体夹套与筒体的连接方式有可拆连接式和不可拆连接式两种，如图 2-15、图 2-16 所示。可拆连接的连接方式是内筒和夹套通过法兰来连接的，适用于操作条件较差，或要求进行定期检查内筒外表面和需经常清洗夹套的场合；不可拆连接特点是密封可靠、制造加工简单，适用于碳钢制造的反应釜。

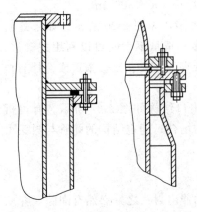

图 2-15　筒体与夹套可拆式连接结构

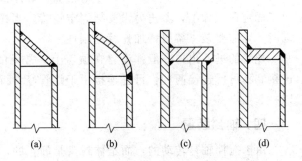

图 2-16　筒体与夹套不可拆式连接结构

整体夹套内的介质压力一般不能超过 1MPa，否则釜体壁厚太大，增加制造困难。夹套内的介质压力大时，可采用焊接半圆管夹套、型钢（指轧钢厂轧制、市场有售的横截面为特定形状的钢材，如角钢、圆钢、扁钢等）夹套和蜂窝夹套，不但能提高产热介质的流速，改善传热效果，而且能提高筒体承受外压的能力，但是上述结构焊接工作量过大，给制造带来很大麻烦。

2. 蛇管传热及其结构

如果所需传热面积较大，而夹套传热不能满足要求时，或者不宜采用夹套传热时，可采用蛇管传热，如图 2-17 所示。工业上常用的蛇管有两种，水平式蛇管、直立式蛇管，如图 2-18 所示。

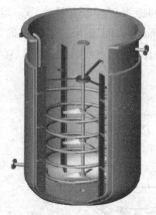

图 2-17　蛇管传热

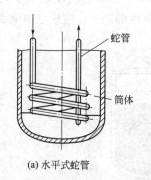

(a) 水平式蛇管　　　　(b) 直立式蛇管

图 2-18　常用蛇管结构形式

排列紧密的水平式蛇管能同时起到导流作用，排列紧密的直立式蛇管同时可以起到挡板的作用，它们对于改善流体的流动状态和搅拌的效果起积极的作用。蛇管检修困难，还可能因冷凝液积聚而降低传热效果。蛇管允许的操作温度范围为 $-30 \sim 280℃$，公称压力系列为 0.4MPa、0.6MPa、1.0MPa、1.6MPa。如果要求传热面积很大时，可以制成几个并联的同心圆蛇管组成。蛇管的排列如图 2-19 所示。若数排蛇管沉浸于釜内，其内外圈距离 t 一般为 $(2 \sim 3)d$。各圈垂直距离 h 一般为 $(1.5 \sim 2)d$。最外圈直径 D_o 一般比筒体内径 D_i 小 $200 \sim 300mm$。

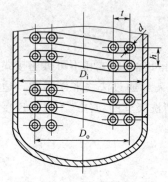

图 2-19　蛇管传热

蛇管筒体内的固定形式较多，如图 2-20 所示。如果蛇管的中心圆直径较小或圈数不多、重量不大时可以利用蛇管进、出口固定在顶盖上，不再另设支架固定蛇管。当蛇管中心管直径较大、比较笨重或搅拌有振动时，则需要装支架以增加蛇管的刚性。

蛇管的进、出口一般都设置在顶盖上，常见的蛇管进出口结构如图 2-21 所示。有可拆连接和不可拆连接两种：可拆连接用于蛇管经常拆卸清洗的场合；固定结构的蛇管与封头可以一起抽出。

四、轴封装置

由于搅拌轴是转动的，而釜体封头是静止的，在搅拌轴伸出封头之处必然有间隙，介质会由此泄漏或空气漏入釜内，因此必须进行密封，称为轴封（对轴伸出装置外部的位置进行

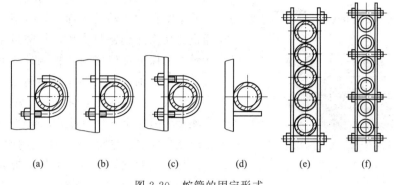

图 2-20　蛇管的固定形式

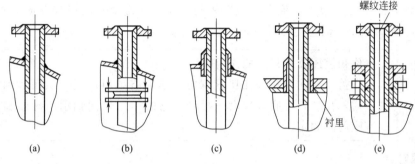

图 2-21　蛇管进出口结构

的密封），以保持设备内的压力（或真空度），防止反应物逸出和杂质的渗入。通常采用填料密封或机械密封，常见的轴封装置如图 2-22 所示。

图 2-22　轴封装置

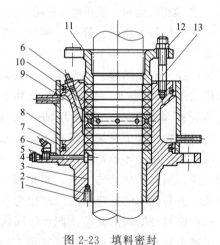

图 2-23　填料密封

1—本体；2—螺钉；3—衬套；4—螺塞；5—油圈；6—油杯；7—O 形密封圈；8—水夹套；9—油环；10—填料；11—压盖；12—螺母；13—双头螺柱

1. 填料密封

填料密封又称压盖填料密封，其结构如图 2-23 所示。填料箱是由箱体、填料、衬套（或油环）、压盖和压紧螺栓等零件组成。旋紧压紧螺栓时，压盖压缩填料（一般为石棉织

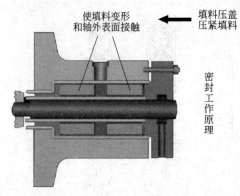

使填料变形和轴外表面接触

填料压盖压紧填料

密封工作原理

图 2-24　填料密封原理示意图

物,并含有石墨或黄油作润滑剂),致使填料变形并紧贴在搅拌轴的表面上,阻塞了介质泄漏的通道,从而达到密封作用,其密封原理如图 2-24 所示。为保证良好密封需控制好压紧力,压紧力过大,搅拌轴旋转时轴与填料间摩擦增大,会使磨损加快,在填料处定期加润滑剂,可减少摩擦,并能减少因螺栓压紧力过大,而产生的摩擦发热。要求填料要富于弹性,有良好的耐磨性与导热性。

填料密封结构简单,填料装拆方便,但使用寿命短,尽管大多数填料是非金属的并有润滑剂,但搅拌轴旋转时,轴和填料间的摩擦和磨损是不可避免的,因而总有微量的泄漏。填料密封适用于非金属和弱腐蚀介质,密封要求不高,可定期维护的低压、低速搅拌设备。

 让我再想想

你知道压盖和衬套的作用吗?

压盖是压住填料并在压紧螺母拧紧时将填料压紧,从而达到轴封的目的。通常在填料箱底部加设一衬套,它的作用如同轴承。衬套和箱体通过螺钉座周向固定。

2. 机械密封

机械密封又称端面密封,如图 2-25 所示,是釜式反应器常用的一种机械密封,它是由两块密封元件在其垂直于轴线的光洁而平直的表面上互相贴合(依靠介质压力和弹簧力作用),并做相对运动而起到密封作用的。

机械密封是由动环、静环、弹簧加荷装置及辅助密封圈等四个部分组成。从图中可见,静环依靠螺母、双头螺栓和静环压板固定在静环座上,静环座和釜体连接。当搅拌轴旋转时,动环与轴一起旋转,而静环则固定于座架上静止不动,动环与静环相接触的环形密封端面阻止了介质的泄漏。因此,从结构上看,机械密封主要是将极易泄漏的轴向密封,改变为不易泄漏的端面密封。

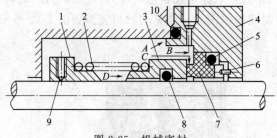

图 2-25　机械密封

1—弹簧座;2—弹簧;3—动环;4—静环座;5—静环密封圈;6—防转销;7—静环;8—动环密封圈;9—紧定螺钉;10—静环座

机械密封在结构上要防止四种泄漏途径,形成了四个密封点 A、B、C、D。

机械密封和填料密封相比较见表 2-1,机械密封优于填料密封。因此,机械密封正在得到迅速发展和广泛应用,但机械密封也存在结构复杂、加工精度要求高等缺点。

表 2-1　填料密封和机械密封的比较

比较项目	填料密封	机械密封
泄漏量	180～450mL/h	一般平均泄漏为填料密封 1%
加工及安装	加工要求一般,填料更换方便	动环、静环平面度偏差要求高,不易加工、成本高、拆装不便

续表

比较项目	填料密封	机械密封
对材料要求	一般	动环、静环要求较高减摩性能
摩擦功耗	机械密封为填料密封的 $10\%\sim50\%$	
轴磨损	有磨损，用久后轴要更换	几乎无磨损
维护及寿命	需要经常维护，更换填料，个别情况 8h（每班）更换一次	寿命 $0.5\sim1$ 年或更长，很少需要维护
高参数	高压、高温、高真空、大直径等密封很难解决	高压、高温、高真空、高转速、大直径等密封可以解决

你了解机械密封的四个密封面吗？

机械密封一般有四个密封面，图 2-25 中 A 处是静环座和釜体之间的密封，是静密封；B 处是静环与静环座之间的密封，也是静密封；C 处是动环和静环间相对旋转密封，是动密封；D 处是指动环与轴（或轴套）之间的密封，这也是一个相对静止的密封，即静密封。

机械密封的功率小，泄漏率低，密封性能可靠，使用寿命长。主要用于在腐蚀、易燃、易爆、剧毒及带有固体颗粒的介质中工作的有压和真空设备，包括搅拌反应釜的轴封。

除上述几部分主要结构外，为了便于检修内件及加料、排料，还需装焊人孔、手孔和各种接管。为了操作过程中有效地监视和控制物料的温度、压力并确保安全，还需安装温度计、压力表、视镜、安全泄漏装置等。

任务三
了解其他反应器

一、固定床反应器

固定床反应器多用于大规模的气相反应。在一些场合采用管子，故也称为管式反应器。其外形有圆筒式和列管式，其结构如图 2-26 所示。参加反应的物料以预定的方向运动，各点的流体间没有沿流动方向的混合。这类反应器可以在一个圆柱壳体内装催化剂，或者在圆柱壳体内安装许多平行的管子，就像列管式换热器管束一样，管外或管内装催化剂，参加反应的气体通过静止的催化剂层进行反应，氨合成塔、乙烯裂解炉等就属于此种结构。固定床反应器广泛用于催化反应。

二、流化床反应器

流化床反应器多用于固体和气体参加的反应，其结构如图 2-27 所示。在这类反应中，细颗粒状的固体物体装填在一个垂直的圆筒形容器的多孔板上，气体通过多孔板向上通过颗粒层，以足够大的速度使颗粒浮起呈沸腾状态，但流速也不易过高，以防止流化床中的颗粒被气体夹带出去。颗粒快速运动的结果，使床层温度非常均匀，因而避免了固定床反应器中

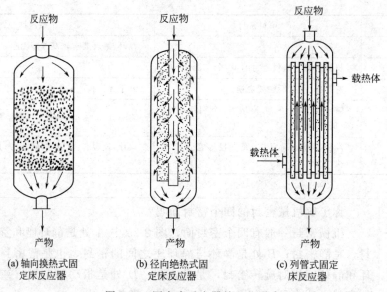

(a) 轴向换热式固　　(b) 径向绝热式固　　(c) 列管式固定
　定床反应器　　　　定床反应器　　　　床反应器

图 2-26　固定床反应器的一些形式

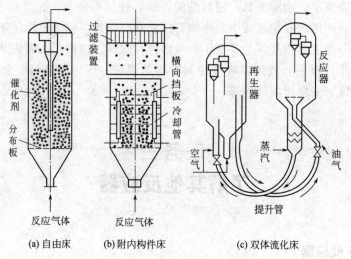

(a) 自由床　　　　(b) 附内构件床　　　　(c) 双体流化床

图 2-27　流化床催化反应器的一些形式

可能出现的过热点，这对在绝热条件下进行的反应过程是一个很大的优点。这类反应器的缺点是固体颗粒快速运动会造成催化剂磨损，另外，排出气流中含有大量的粉尘，增加了后处理难度。

三、鼓泡反应器

在基本有机化工生产中的气液相反应过程（特别是一些较快反应）多选用鼓泡反应器，其结构如图 2-28 所示。在这类反应器中，由于液体中含有溶解了的非挥发性催化剂或其他反应物料，反应气体可以鼓泡，通过液体进行反应，产物可由气体从反应器中带出。在这种情况下传质过程控制反应速率。乙烯氧化生产乙醚就是在这种反应器中进行反应的。

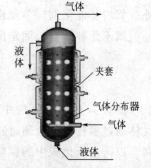

图 2-28　鼓泡反应器的结构

四、流动床反应器

在这种反应器中，固体从床层顶部加入，并向下移，自器底取出，流体向上通过填充层。这种反应器已用于二甲苯的催化异构反应以及离子交换法的连续水处理过程。

另外，在这些有机反应中，如丙烯高压水合制取异丙醇反应中，用到了滴流床反应器。在这种反应器中，固体催化剂并不呈流化状态而是作为固定床，两种能部分互溶的液体作为反应物料并流或逆流通过反应床进行反应。

一个反应过程在工业生产中究竟采用什么类型的反应器，并无严格规定，应以满足工艺要求为主，综合考虑各种因素，以减少能量消耗、增加经济效益为原则而确定。

由于化工生产的反应器很多，在实际使用过程中，应根据实际生产的需要，选用合适的反应器。

知识拓展：电化学反应器

实现电化学反应的设备或装置统称为电化学反应器，它被广泛地应用于化工、能源等各个部门。在电学工程的三大领域，即工业电解、化学电源、电镀中应用的电化学反应器，包括各种电解槽、电镀槽、一次电池、二次电池、燃烧电池。它们结构与大小不同，功能与特点不同，然而却具有以下一些基本特征。

① 都由两个电极（第一类导体）和电解质（第二类导体）构成。

② 都可归入两个类别，即由外部输入电能，在电极和电解液界面上促成电化学反应的电解反应器，以及在电极和电解质界面上自发地发生电化学反应产生电能的化学电源反应器。

③ 反应器中发生的主要过程是电化学反应，并包括电荷、质量、热量、动量的四种传递过程，服从电化学热力学、电极过程动力学及传递过程的基本规律。

④ 是一种特殊的化学反应器。首先它具有化学反应器的某些特点，在一定条件下可以借鉴化学工程的理论和研究方法；其次它又具有自身的特点，如在界面上的电子转移及在体相内的电荷传递，电极表面的电势及电流分布，以电化学方式完成的新相生成（电解析气及电结晶）等，而且它们与化学及化工过程交叠、错综复杂，难以沿袭现有的化工理论及方法解释其现象，揭示其规律。

任务四
识别反应器的常见故障、掌握故障处理及设备维护方法

设备运行中会出现像图 2-29 这样的釜体裂纹，还有密封泄漏、超温超压等状况，当出现这些状况时，应如何处理，如何避免呢？

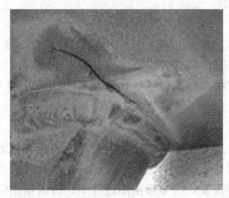

图 2-29　釜体裂纹

一、反应器的常见故障现象及处理方法

反应器的常见故障现象、原因及处理方法见表2-2。

表 2-2　反应器的常见故障现象、原因及处理方法

故障现象	故障原因	处理方法
壳体损坏（腐蚀、裂纹、透孔）	1. 受介质腐蚀（点蚀、晶间腐蚀） 2. 热应力影响产生裂纹或碱脆 3. 磨损变薄或均匀腐蚀	1. 用耐蚀材料衬里的壳体需重新修衬或局部补焊 2. 焊接后要消除内应力，产生裂纹要进行修补 3. 超过设计最低允许厚度需更换本体
超温超压	1. 仪表失灵，控制不严格 2. 误操作；原料配比不当；产生剧烈反应 3. 因传热或搅拌性能不佳，发生副反应 4. 进气阀失灵，进气压力过大，压力高	1. 检查修复自控系统，严格执行操作规程 2. 根据操作法，紧急放压，按规定定量，定时投料，严防误操作 3. 增加传热面积或消除结垢，改善传热效果；修复搅拌器，提高搅拌效率 4. 关总气阀，切断气源修理阀门
密封泄漏	填料泄漏 1. 搅拌轴在填料处磨损或腐蚀，造成间隙过大 2. 油环位置不当或油路堵塞不能形成油封 3. 压盖没压紧，填料质量差，或使用过久 4. 填料箱腐蚀 机械密封泄漏 5. 动静环端面变形、破伤 6. 端面比压过大，摩擦副产生热变形 7. 密封圈选材不对，压紧力不够，或 V 形密封圈装反，失去密封性 8. 轴线与静环端面垂直度误差过大 9. 操作压力、温度不稳，硬颗粒进入摩擦副 10. 轴窜量超过指标 11. 镶装或粘接动环、静环的镶缝有泄漏	1. 更换或修补搅拌轴，并在机床上加工，保证表面粗糙度 2. 调整油环位置，清洗油路 3. 压紧填料，或更换填料 4. 修补或更换 5. 更换摩擦副或重新研磨 6. 调整比压要合适，加强冷却系统，及时带走热量 7. 密封圈选材、安装要合理，要有足够的压紧力 8. 停车，重新找正，保证垂直度误差小于 0.5mm 9. 严格控制工艺指标，颗粒及结晶物不能进入摩擦副 10. 调整、检修使轴的窜量达到标准 11. 改进安装工艺，或过盈量要适当，或黏结剂要好用，黏结牢固

续表

故障现象	故障原因	处理方法
釜内有异常的杂声	1. 搅拌器摩擦釜内附件（蛇管、温度计管等）或刮壁 2. 搅拌器松脱 3. 衬里鼓包，与搅拌器撞击 4. 搅拌器弯曲或轴承损坏	1. 停车检修找正，使搅拌器与附件有一定间距 2. 停车检修，紧固螺栓 3. 修鼓包，或更换衬里 4. 检修或更换轴或轴承
搪瓷搅拌器脱落	1. 被介质腐蚀断裂 2. 电动机旋转方向相反	1. 更换搪瓷轴或用玻璃修补 2. 停车改变转向
搪瓷釜法兰漏气	1. 法兰瓷面损坏 2. 选择垫圈材质不合理，安装接头不正确，空位，错移 3. 卡子松动或数量不足	1. 修补、涂防腐漆或树脂 2. 根据工艺要求，选择垫圈材料，垫圈接口要搭拢，位置要均匀 3. 按设计要求，有足够数量的卡子，并要紧固
瓷面产生鳞爆及微孔	1. 夹套或搅拌轴管内进入酸性杂质，产生氢脆现象 2. 瓷层不致密，有微孔隐患	1. 用碳酸钠中和后，用水冲净或修补，腐蚀严重的需更换 2. 微孔数量少的可修补，严重的更换
电动机电流超过额定值	1. 轴承损坏 2. 釜内温度低，物料黏稠 3. 主轴转数较快 4. 搅拌器直径过大	1. 更换轴承 2. 按操作规程调整温度，物料黏度不能过大 3. 控制主轴转数在一定范围内 4. 适当调整检修

二、釜设备的维护

1. 日常维护

① 釜式反应器在运行中，应严格执行操作规程，经常观察压力表指示值，禁止超温、超压工作。

② 要注意设备有无异常振动和声响，如发现故障，应停止运行进行检查修理并及时消除。但设备在运行时不得进行修理工作，不准在有压力的情况下拧紧螺栓。

③ 电动机不得超过额定电流。

④ 减速机齿轮啮合正常，不得有异常声音；压力润滑系统，水冷却系统畅通好用。

⑤ 经常观察各部密封垫片是否严密可靠。

2. 釜式反应器的检查

（1）搅拌器的检查

因搅拌器是釜式反应器的主要部件，在正常运转时应经常检查轴的径向摆动量是否大于规定值，搅拌器不得反转，与釜内的蛇管、压料管、温度计套管之间要保持一定距离，防止碰撞。

定期检查搅拌器的腐蚀情况，有无裂纹、变形和松脱。对于有中间轴承或底轴瓦的搅拌装置要定期检查底轴瓦（或轴承）的间隙；中间轴承的润滑油是否有物料进入损坏轴承；固定螺栓是否松动，否则会使搅拌器摆动量增大，引起釜体振动；搅拌轴与桨叶的固定要保证垂直，其垂直度允许偏差为桨叶总长度的4/1000，且不大于5mm。

（2）釜体的检查

将釜体（或衬里）清洗干净，用肉眼或五倍放大镜检查腐蚀、变形、裂纹等缺陷或采用无损探伤测量该釜体的厚度。当使用仪器无法测量时，采用钻孔方法测量。对于不宜采用此法测厚的反应器，可用测量釜体内、外径实际尺寸法，来确定设备壁厚减薄程度。

（3）衬里的检查

对衬里要做气密性检查。当在衬里与釜体之间通入空气或氨气，其压力为 0.03～0.1MPa（压力大小视衬里的稳定性而定），通入空气时可用肥皂水涂于衬里的焊缝或腐蚀部位，检查有无泄漏；通入氨气时，可在衬里的焊缝和被检的腐蚀部位贴上酚酞试纸，保压5～10min 后，以试纸上不出现红色斑点为合格。

（4）基础的检查

检查设备基础是否下沉；基础上有无裂纹，如发现裂纹在其上加石膏标志，以测定裂纹是否继续扩大；检查基础螺栓的螺母紧固情况，有无松动。

三、釜式反应器的检修

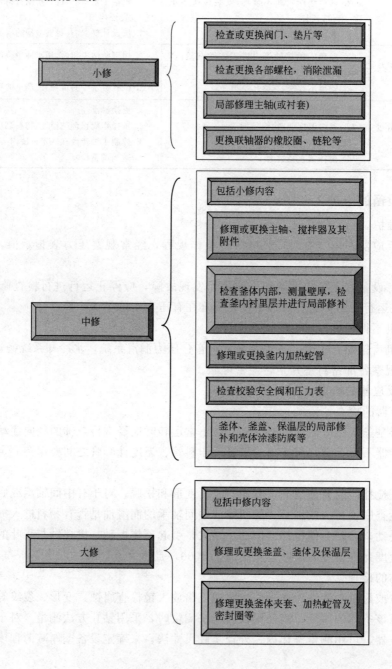

小修
- 检查或更换阀门、垫片等
- 检查更换各部螺栓，消除泄漏
- 局部修理主轴(或衬套)
- 更换联轴器的橡胶圈、链轮等

中修
- 包括小修内容
- 修理或更换主轴、搅拌器及其附件
- 检查釜体内部，测量壁厚，检查釜内衬里层并进行局部修补
- 修理或更换釜内加热蛇管
- 检查校验安全阀和压力表
- 釜体、釜盖、保温层的局部修补和壳体涂漆防腐等

大修
- 包括中修内容
- 修理或更换釜盖、釜体及保温层
- 修理更换釜体夹套、加热蛇管及密封圈等

易燃易爆、有毒、有窒息性介质的釜内检修时应做到以下几点：

① 切断外接电源、挂上"禁动"警告牌；

② 排除釜内的压力；

③ 在进料进气管道上安装盲板；

④ 清洗置换后经气体分析合格并设有专人监护，方可进入釜内检修。

 素质拓展

　　设备维修既是一个分工明确、配合默契的工作，也是一个精益求精、追求卓越的任务。化工检修人员应具有刻苦专研，勇于攻关的能力，还需要具有无私奉献的精神。图片中的检修人员用他们挂着汗水和布满灰尘的脸颊，一台台检修合格的设备，诉说着化工人对岗位的热爱，对工作的激情，这充分说明了敬业奉献的意识、大国工匠的精神，需要化工人永远的传承和发扬！

 项目小结

　　1. 了解反应器

反应器的分类、典型反应器的工作原理、典型反应器的总体结构。

　　2. 釜式反应器

釜体、搅拌装置、传热装置、轴封装置、釜式反应器的常见故障及修理。

　　3. 其他反应器

固定床反应器、流化床反应器、鼓泡反应器、流动床反应器。

思考与练习

　　1. 反应器如何分类？

　　2. 釜式反应器主要由哪些部件组成？其作用是什么？

　　3. 简述釜式反应器的工作原理。

　　4. 搅拌器有几种？作用是什么？其结构特征各是什么？适用什么场合？

　　5. 什么叫"轴封"？

　　6. 填料密封和机械密封的区别是什么？

　　7. 简述釜式反应器常见故障与排除。

项目三

认识塔设备

学习目标

① 了解塔设备的种类；

② 了解塔设备的一般结构、主要构件及作用；

③ 识别塔设备的常见故障，简单分析判断故障原因，会采取相应处理措施，会进行常规的维护和保养。

任务一
了解塔设备

在石油、化工、医药、食品等生产过程中，常常需要将原料、中间产物或初级产品中的各个组成部分分离出来，作为产品或作为进一步生产的精制原料，而完成这一过程的主要装置是塔设备。

一、塔设备的应用

塔设备是石油、化工、轻工、医药等生产中最重要的设备之一。塔设备通过其内部构件使气、液或液、液两相间充分接触，进行质量传递和热量传递。塔设备广泛应用于蒸馏、吸收、解吸、萃取、气体的洗涤、增湿、干燥及冷却等单元操作。

塔设备是化工生产过程中可提供气液或液液两相之间进行直接接触机会，达到相际传质及传热目的，又能使接触之后的两相及时分开、互不夹带的设备。

二、塔设备的分类

塔设备的种类很多，为了便于比较和选型，必须对塔设备进行分类，常见的分类方法有以下几种。

1. 按操作压力分类

塔设备根据具体的工艺要求、设备及操作成本综合考虑，有时可以在常压下操作，有时需要在加压下操作，有时还需要减压操作。相应的塔设备分别称为常压塔、加压塔和减压塔。

2. 按用途分类

（1）精馏塔

实现精馏操作的塔设备称为精馏塔。

（2）吸收塔、解吸塔

实现吸收和解吸操作过程的塔设备称为吸收塔、解析塔。

（3）萃取塔

实现萃取操作过程的塔设备称为萃取塔。

3. 按结构形式分类

塔设备就其构造而言，主要由塔体、支座、内部构件及附件组成。根据塔内部构件的结构可分为板式塔和填料塔两大类。

板式塔特有的塔盘，按照塔盘结构的不同，可分为泡罩塔、筛板塔、浮阀塔等形式。

填料塔特有的填料、液体分布装置、填料支撑装置、液体再分布装置。

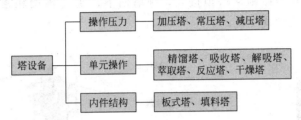

三、化工生产对塔设备的要求

随着石油、化工生产的迅速发展，塔设备的合理构造与设计越来越受到关注和重视，化工生产对塔设备提出的要求如图 3-1 所示。

图 3-1 化工生产对塔设备的要求

知识链接：塔设备的发展历史

最早出现于商周，用于造酒、食品、医药。最初出现的为泡罩塔，随后出现填料塔和筛板塔。真正发展是从 20 世纪初，受炼油工业发展的影响，可分为三个阶段：

① 第二次世界大战前，主要用于炼油工业，以泡罩塔为主，填料塔用得也比较多，筛板塔也占一定比例；

② 第二次世界大战后，炼油和化工领域发展很快，除了泡罩和筛板外，还出现了一些新型塔板；

③ 20 世纪 60 年代后，设备向大型化和高效性发展，对塔设备提出了更高的要求。

任务二
认识板式塔

板式塔是工业上用得最多的一种塔型，多用于精馏，也用于吸收和解吸等单元操作。

板式塔内部如图 3-2 所示，装有一定数量的塔盘、一定间距的开孔塔板，是一种逐级（板）接触的气液传质设备。塔内以塔板为基本构件，气体自塔底向上以鼓泡或喷射的形式穿过塔板上的液层，而液体则从塔顶进入，顺塔而下，使气-液两相密切接触，进行传质、传热，两相的浓度呈阶梯式变化。

图 3-2　板式塔结构

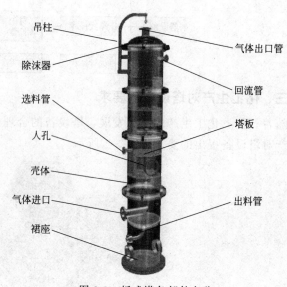

图 3-3　板式塔各部件名称

吊柱　气体出口管　除沫器　回流管　选料管　塔板　人孔　壳体　气体进口　出料管　裙座

一、板式塔的总体结构

板式塔的结构及主要部件如图 3-3 所示。

1. 塔体

塔体是塔设备的外壳，通常由等直径、等壁厚的钢制圆筒和上、下椭圆封头组成。塔设备通常安装在室外，因而塔体除了承受一定的操作压力、温度外，还要考虑风载荷、地震载荷、偏心载荷。此外还要满足在试压、运输及吊装时的强度、刚度及稳定性要求。对于板式塔，塔体安装的不垂直度和弯曲度也有一定的要求。

2. 支座

支座是塔体与基础的连接部件。塔体支座的形式一般为裙式支座。

3. 塔内件

由塔板、降液管、溢流堰、紧固件、支撑件等组成。

4. 接管

为满足物料进出、过程监测和安装维修等要求，塔设备上有各种开孔和接管。按其用途可分为进液管、出液管、回流管、进气出气管、侧线抽出管、取样管、仪表接管、液位计接管等。

5. 塔附件

塔附件包括人孔、手孔、吊柱、平台、扶梯等。人孔和手孔是为了安装、检修和检查需要而设置的。

6. 除沫器

用于捕集夹带在气流中的液滴，使用高效的除沫器，对于回收贵重物料、提高分离效率、改善塔后设备的操作状况及减少环境的污染等，都是非常必要的。

二、板式塔的分类

根据塔板结构，尤其是气液接触元件的不同，板式塔可分为泡罩塔、浮阀塔、筛板塔等形式。

1. 泡罩塔

泡罩塔如图 3-4 所示，其优点是操作弹性较大，能保持较高效率，液气比范围大，不易堵塞，能适用多种介质，操作稳定可靠。缺点是结构复杂，造价高，安装维修麻烦。

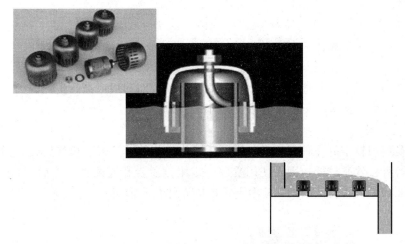

图 3-4　泡罩塔元件及原理示意图

2. 筛板塔

筛板塔如图 3-5 所示，它的优点是结构简单、制造和维修方便，生产能力大，传质效率高。缺点是筛孔易堵塞，不宜处理易结焦、黏度大和带有固体颗粒的物料。

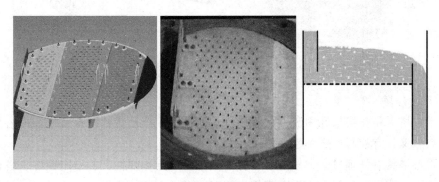

图 3-5　筛板塔元件及原理示意图

3. 浮阀塔

浮阀塔如图 3-6 所示，其具有结构简单、造价低，生产能力大，操作弹性大，塔板效率高的优点。但是浮阀塔在处理易结焦、高黏度的物料时，阀片易与塔板黏结，在操作过程中有时会发生阀片脱落或卡死等现象，使塔板效率和操作弹性下降。

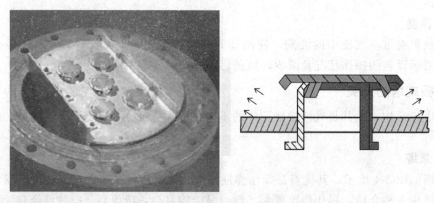

图 3-6　浮阀塔元件及原理示意图

4. 穿流板塔

穿流板塔与筛板塔相比，其结构特点是不设降液管。常用的塔板结构有筛孔板和栅板两种。

穿流板塔结构简单，制造、加工、维修简便，塔截面利用率高，生产能力大，塔盘开孔率大，压降小，但塔板效率低，操作弹性较小。

5. 固定舌形塔

舌形塔是应用较早的一种斜喷类型塔。舌形塔结构简单，安装检修方便，但这种塔的负荷弹性较小，塔板效率较低，因而使用受到一定限制。舌孔有两种，三面切口及拱形切口，通常采用三面切口的舌孔。图 3-7 是固定舌形塔元件及原理图。

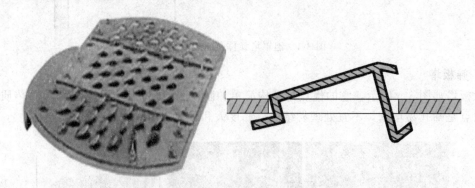

图 3-7　固定舌形塔元件及原理示意图

6. 浮动舌形塔

浮动舌形塔盘是在塔板孔内装设了可以浮动的舌片，浮动舌片既保留了舌形塔倾斜喷射的结构特点，又具有浮阀操作弹性好的优点。

浮动舌形塔具有处理量大、压降小、雾沫夹带少、操作弹性大、稳定性好、塔板效率高等优点，缺点是在操作过程中浮舌易磨损。

表 3-1 为板式塔的性能比较。

表 3-1　板式塔的性能比较

塔型	与泡罩塔相比的相对气相负荷	效率	操作弹性	85%最大负荷时的单板压降/mmH₂O	与泡罩塔相比的相对价格	可靠性
泡罩塔	1.0	良	超	45～80	1.0	优
浮阀塔	1.3	优	超	45～60.	0.7	良
筛板塔	1.3	优	良	30～50	0.7	优
舌形塔	1.35	良	超	40～70	0.7	良
栅板塔	2.0	良	中	25～40	0.5	中

注：$1mmH_2O=9.80665Pa$。

三、塔盘结构

塔盘是板式塔完成传质、传热过程的主要部件。板式塔的塔盘分为溢流式和穿流式两类，两者之间的区别就在于穿流式塔盘没有降液管装置，如图 3-8、图 3-9 所示。本节介绍溢流式塔盘。

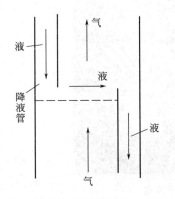

图 3-8　溢流式塔盘气液分布图

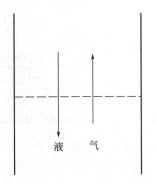

图 3-9　穿流式塔盘气液分布图

溢流式塔盘由气液接触元件、塔板、受液盘、溢流堰、降液管、塔盘支撑件和紧固件组成，如图 3-10 所示。

1. 塔盘

塔盘按结构特点可分为整块式塔盘和分块式塔盘。

（1）整块式塔盘

整块式塔盘用于塔径小于 800mm 的板式塔，塔体由若干个塔节组成，每个塔节中装有一定数量的塔盘，每个塔节之间采用法兰连接。根据塔盘组装方式不同，整块式塔盘又可分为定距管式及重叠式两类。

（2）分块式塔盘

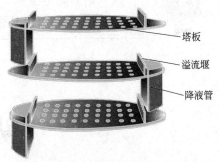

图 3-10　塔盘结构示意图

直径较大的板式塔，为便于制造、安装、检修，可将塔盘板分成数块，通过人孔送入塔内，装在焊于塔体内壁的塔盘支承件上，这种结构称为分块式塔盘。分块式塔盘的塔体，通常为焊制整体圆筒，不分塔节。其塔盘的支撑有支撑圈和支撑梁两种结构，支撑圈多支撑塔径较小时（$D_i \leqslant 2000mm$），塔径较大时（$D_i > 2000mm$）必须采用支撑梁支撑。

分块式塔盘根据塔径大小，又分为单溢流型塔盘和双溢流型塔盘。塔径在 800～2400mm 之间时，采用单溢流型塔盘；塔径大于 2400mm 时，采用双溢流型塔盘。

2. 除沫装置

（1）作用

分离出塔气体中含有的雾沫和液滴，以保证传质效率，减少物料损失，确保气体纯度，改善后续设备的操作条件。

（2）分类

常用的除沫装置有丝网除沫器、折流板除沫器、旋流板除沫器等，如图 3-11 所示。丝网除沫器具有比表面积大、重量轻、除沫效率高、压降小、使用方便的特点，应用广泛。它适合用于洁净的气体，不适用气液混合物中含有颗粒或黏性物料的场合。

图 3-11　各种常用除沫装置

你知道浮阀塔中的浮阀种类吗？

浮阀的类型很多，国内常用的有：F-1 型、十字架型、条型。

新型浮阀：HTV 型、BVT 型、L1 条阀、JF 复合浮阀、导向浮阀等。

任务三
认识填料塔

填料塔是一种以连续方式进行气、液传质的设备，它结构简单、压力降小、填料种类多、具有良好的耐腐蚀性能，尤其在处理容易产生泡沫的物料和真空操作时，有其独特的优越性。

一、结构原理

填料塔的内部装有一定高度的填料，气体作为连续相自塔底向上穿过填料的间隙流动，而液体从塔顶进入，沿填料表面向下流动，两相在填料层表面上连续逆流接触进行传质、传热。两相的组分沿塔高呈连续变化。是一种连续型的气液传质设备，如图 3-12 所示。

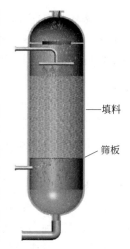

二、填料种类

填料是填料塔气、液接触的元件，填料性能的优劣直接决定着填料塔的操作性能和传质效率。到目前为止，各种形式、各种规格、各种材料的填料达数百种之多。根据填料的堆放形式，分为散装填料和规整填料两大类，散装填料由于其结构上的特点，不能按某种规律安放只能自由堆砌，因此也称"乱堆"填料，常见的散装填料有拉西环、鲍尔环、十字环、弧形鞍、矩形鞍等，如图 3-13 所示。散装填料气液两相分布不够均匀，故塔的分离效率不够理想。规整填料分离效果好、压降低，适用于在较高气速或较小的回流比下操作。

图 3-12 填料塔

拉西环　　　　　　　　　　　鲍尔环

阶梯环　　　　　　　　　　　环矩鞍

图 3-13 各种常见填料塔填料

1. 散装填料

（1）拉西环

拉西环是使用最早的一种填料，它的优点是结构简单、价格便宜、使用经验丰富。缺点是阻力大、通量小，传质效率低。拉西环存在着严重的沟流及壁流现象，塔径越大，填料层越高，则壁流现象越严重，致使传质效率显著下降。拉西环的制造材料有陶瓷、金属、塑料等。装填拉西环时，当环直径大于 100mm 采用整砌，环直径小于 75mm 采用乱堆。

（2）鲍尔环

鲍尔环是在拉西环的基础上改进的环形填料。鲍尔环由于环壁开孔，大大提高气液接触面积，内表面利用率增加，且使气体流动阻力降低，液体分布也较均匀，液体分散度大，通量提高，因此，鲍尔环比拉西环的传质效率高，操作弹性大，而气体压降明显降低，但价格较高。

（3）阶梯环

阶梯环是在鲍尔环基础上发展起来的新型填料。阶梯环在堆积时由线接触为主变为点接触为主，增加了填料颗粒的空隙，减少了阻力，而且改善了液体分布，促进了液膜更新，提高了传质效率。阶梯环填料可由金属、陶瓷和塑料等材料制造。

（4）金属环矩鞍填料

环矩鞍填料是在弧鞍基础上发展起来的一种结构不对称的鞍形填料，既保留了鞍形填料的弧形结构，又吸收了鲍尔环的环形形状和具体有内弯叶片小窗的结构特征，克服了弧鞍填料相互重叠的缺点，优点具有通过能力大，压力降低，容积重量轻，填料层结构均匀等优点。

2. 规整填料

规整填料是一种在塔内按均匀的几何图形规则、整齐堆砌的填料，从而减少偏流与束流现象。填料的种类按照结构可分为金属丝网波纹填料和多孔板波纹填料。使用时根据填料塔的结构尺寸，叠成圆筒形整块放入塔内或分块拼成圆筒形在塔内砌装。

规整填料的优点是孔隙大，生产能力大，压降小。流道规则，只要液体初始分布均匀，则在全塔中分布也均匀，因此规整填料几乎无放大效应，通常具有很高的传质效率。但是其有造价较高，易堵塞、难清洗的缺点，工业上一般用于较难分离或分离要求很高的情况。

（1）丝网波纹填料

丝网波纹填料如图3-14所示，由若干平行直立的波网片组成。由于结构紧凑，具有很大的比表面积，且因气体和液体均不断重新分布，气、液分布均匀，放大效应不明显，故传质效率高，又因填料的规整排列，使流动阻力减小。但是，该种填料造价高、抗污能力差，清洗、装卸困难。不适于处理黏度大，易聚合或有沉淀物的物料。

图3-14　丝网波纹填料

（2）多孔板波纹填料

为了克服丝网波纹填料价格高及安装要求高的缺点，将丝网条改为板条，填料的构形相同，构造材料除金属外，还可用塑料。多孔板波纹填料的传质性能虽低于丝网波纹填料，但仍属高效填料之列。

3. 填料用材的选择

（1）塑料

设备操作温度较低，除浓硫酸、浓硝酸等强酸外，体系对塑料无溶胀，但塑料表面对水溶液的润湿性差。

（2）陶瓷

一般用于腐蚀性介质，尤其是高温时，但对 HF 和高温下的磷酸与碱不能使用。

（3）金属

耐高温，但不耐腐蚀，不锈钢可耐一般的酸碱腐蚀（含氯离子的酸除外），但价格较昂贵。

知识链接：其他类型的填料

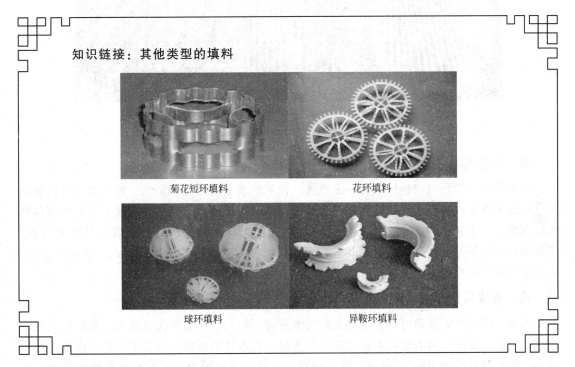

菊花短环填料　　　　　　　花环填料

球环填料　　　　　　　异鞍环填料

三、填料支撑装置

填料的支撑装置对填料塔的操作性能影响很大。对填料支撑装置的基本要求有：

① 足够的强度以支承填料的重量；

② 足够的自由截面，以使气、液两相通过时阻力较小；

③ 装置结构要有利于液体的再分布；

④ 制造、安装、拆卸方便。

常用支承装置有栅板、格栅板、驼峰板等。

1. 栅板

栅板由扁钢圈和若干相互平行的扁钢条焊成。特点是结构简单，强度较大，但自由截面积较小，分块组装易卡嵌。

2. 格栅板

格栅板由格条、栅条及边圈组成，栅条间距一般为 100～200mm，格条间距一般为 300～400mm。格栅板适用于规整填料的支撑。

3. 驼峰板

驼峰板属于梁式气体喷射式支承装置。驼峰板由开有长圆形孔的金属平板冲压为波形而成。上升的气体从侧面的小孔喷出，下降的液体从底部的小孔流下，气液两相在驼峰板上分道逆流。驼峰板的特点为强度、刚度大，自由截面积大，压降小，是目前用于散装填料的性能最优、应用最广的大型支承装置。

填料支撑装置如图 3-15 所示。

栅板　　　　　　　　　格栅板　　　　　　　　　驼峰板

图 3-15　常用的填料支撑装置

四、液体喷淋装置

液体喷淋装置是向填料层均匀分配液体，使填料表面能全部润湿的一种装置。其性能如何直接影响到塔内填料表面的有效利用率，进而影响传质效率。喷淋装置通常安装在塔顶填料层表面以上 150～300mm 处，以便留出足够的空间，让气体不受约束地穿过喷淋装置，以提高分离效果。液体分布器根据其结构形式，可分为管式、喷头式、盘式、槽式等形式。按操作原理分为喷洒型、溢流型、冲击型等。

五、液体再分布器

液体沿填料向下流动时，由于向上的气流速度不均匀，中心气流速度大，靠近塔壁处流速小，使液体逐渐流向塔壁，形成"壁流"现象，使液体沿塔截面分布不均匀，降低了传质效率。随着填料层的增高，"壁流"现象加剧，严重时会使塔中心的填料不能被润湿而形成"干锥"。因此，为提高塔的传质效率，应将填料层分段，段间安装液体再分布器，使液体流经一段距离后再重新均匀分布。

1. 液体再分布器的作用

一是收集上一填料层的液体，并使其在下一填料层均匀分布；二是当塔内气、液相出现径向浓度差时，液体收集再分布器将上层填料流下的液体完全收集、混合，然后分布到下层填料，并将上升的气体均匀分布到上层填料以消除各自的径向浓度差。

2. 典型结构

（1）分配锥

用于小塔，仅能装在填料层的分段之间作为壁流收集器使用。改进分配锥可装在填料层里，收集壁流并进行液体再分布，用于直径大于 600mm 的塔。

（2）多孔盘式再分布器

多孔盘式再分布器也可作为液体分布器使用。为了与气体喷射式支承板相配合，故采用长方形升气管。分布盘上的孔数按喷淋点数确定，孔径为 $\phi3\sim10$mm。升气管的尺寸应尽可能大，其底部常铺设金属网，以防填料吹进升气管中。这种装置用作再分布器时，为了防止上一层填料层来的液体直接流入升气管，应在升气管上设帽盖，帽盖离升气管上缘 40mm 以上。

（3）斜板复合再分布器

斜板复合式再分布器是把支承板、收集器、再分布器结合在一起，可以减小塔的高度。

其导流-集液板同时当作支承板使用，而分布槽既是收集器又是再分布器。汇集于环形槽中的壁流液体，从圆筒上的开孔流入分布槽，与由斜板导入分布槽的液体一起，通过槽底的分布孔重新均布。当液体负荷较大时，分布槽内的溢流管也参加工作，从而可以适应较大的液体流量变化，同时又增加了液体的喷淋点数，因而能取得良好的分布效果。

任务四
识别塔设备的常见故障、掌握故障处理
及设备维护方法

在工厂工作时，我们会看见设备出现不同的状况，如图 3-16 这样的设备腐蚀，还有表面结垢等，当出现这些状况时，应如何处理，如何避免呢？

图 3-16　设备腐蚀

一、塔设备的常见故障现象及处理方法

表 3-2 为塔设备常见故障现象、原因及处理方法。

表 3-2　塔设备常见故障现象、原因及处理方法

故障现象	故障原因	处理方法
工作表面结垢	1. 被处理物料含有机械杂质(如泥、砂等) 2. 被处理物料中有结晶析出和沉淀 3. 硬水所产生的水垢 4. 设备结构材料被腐蚀而产生的腐蚀产物	1. 加强管理，考虑增加过滤设备 2. 清除结晶、水垢和腐蚀产物 3. 采取防腐蚀措施 4. 清理
连接处不能正常密封	1. 法兰连接螺栓没有拧紧 2. 螺栓拧得过紧而产生塑性变形 3. 由于设备在工作中发生振动，而引起螺栓松动 4. 密封垫圈产生疲劳破坏(失去弹性) 5. 垫圈受介质腐蚀而破坏 6. 法兰面上的衬里不平 7. 焊接法兰翘起	1. 拧紧松动螺栓 2. 更换变形螺栓 3. 消除振动，拧紧松动螺栓 4. 更换受损的垫圈 5. 选择耐腐蚀垫圈换上 6. 加工不平的法兰 7. 更换新法兰

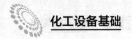
续表

故障现象	故障原因	处理方法
塔体厚度减薄	设备在操作中,受到介质的腐蚀、冲蚀和摩擦	减压使用;或修理腐蚀严重部分;或设备报废
塔体局部变形	1. 塔局部腐蚀或过热使材料强度降低,而引起设备变形 2. 开孔无补强或焊缝处的应力集中,使材料的内应力超过屈服点而发生塑性变形 3. 受外压设备,当工作压力超过临界工作压力时,设备失稳而变形	1. 防止局部腐蚀产生 2. 矫正变形或切割下严重变形处,焊上补板 3. 稳定正常操作
塔体出现裂缝	1. 局部变形加剧 2. 焊接的内应力 3. 封头过渡圆弧弯曲半径太小或未经退火处理 4. 水力冲击作用 5. 结构材料缺陷 6. 振动与温差的影响 7. 应力腐蚀	裂缝修理
塔板操作区不稳定	1. 气相负荷减少或增大,液相负荷减少 2. 塔板不水平	1. 控制气相、液相流量,调整降液管、出入口堰高度 2. 调整塔板水平度
塔板上鼓泡元件脱落	1. 安装不正 2. 操作条件破坏 3. 材料不耐腐蚀	1. 重新调整 2. 改善操作,加强管理 3. 选择耐蚀材料、更换鼓泡元件
生产效率差,压降与设计差异不大	1. 液体分布器分布不均匀引起(通常可根据塔各段的分离效率确定哪个分布器分布不良) 2. 分布器堵塞、腐蚀漏液 3. 安装水平度差 4. 超过操作弹性 5. 分布器液体入口不良	1. 改善设计,重新设计制作分布器 2. 清除堵塞,修补或者更换分布器 3. 重新安装,调水平 4. 分布器增加开孔或减少开孔 5. 改善液体入口

二、塔设备的维护

1. 日常维护

① 操作人员严格按操作规程进行启动、运行及停车,严禁超温、超压。

② 坚持定时定点进行巡回检查,重点检查温度、压力、流量、仪表灵敏、设备及附属管线密封、整体震动情况。

③ 发现异常情况,应立即查明原因,及时上报,并由有关单位组织处理。

④ 经常保持设备清洁,清扫周围环境,及时消除跑、冒、滴、漏。

⑤ 认真填写运行记录。

2. 定期检查内容

① 按生产工艺及介质不同对塔进行定期清洗,如采用化学清洗方法。但需做好中和、清洗工作。

② 每季对塔外部进行一次表面检查,检查内容:

a. 焊缝有无裂纹、渗漏,特别应注意转角、人孔及接管焊缝;

b. 各紧固件是否齐全、有无松动，安全栏杆、平台是否牢固；

c. 基础有无下沉倾斜、开裂，基础螺栓腐蚀情况；

d. 防腐层、保温层是否完好。

③ 当发生下列情况之一时应紧急停车，并立即报告上级有关部门。

a. 操作压力、介质温度或壁温超过许用值，采取措施后仍不能得到有效控制时；

b. 设备及连接管线、视镜等密封失效，难以保证安全运行，或严重影响人身健康和污染环境时；

c. 设备发生严重振动、晃动，危及安全运行；

d. 当两相介质，有一相堵塞或结冰，经处理无效时；

e. 其他意外情况。

 素质拓展

塔设备是化工生产中的主要设备，在使用维护中，要坚持绿色发展理念，把绿色、循环、低碳、发展作为设备使用的首要考虑因素，使我们的天更蓝、山更绿、水更清。

 项目小结

1. 了解板式塔

板式塔工作原理，板式塔的总体结构及分类，塔盘结构，除沫装置。

2. 了解填料塔

填料塔工作原理，填料种类，栅板结构，液体分布装置。

3. 塔设备常见故障的判别及处理

常见故障的现象及处理方法，塔设备的维护。

思考与练习

1. 塔设备在化工生产中有什么应用？

2. 板式塔由几部分构成？如何分类？各有什么特点？

3. 填料的基本要求有哪些？

4. 填料的种类有哪些？

5. 清除塔设备表面积垢的方法有哪些？

6. 简述塔设备运行中日常检查项目。

学习换热器

 **学习目标**

① 了解化工生产中换热器的应用及种类；

② 掌握列管式换热器结构、类型；

③ 了解其他类型的换热器；

④ 识别换热器的常见故障，简单分析判断故障原因，会采取相应处理措施，会进行常规的维护和保养。

任务一
认识换热器

在化工生产中实现两种物料之间热量传递的设备统称为换热器。换热器是典型的工艺设备，应用十分普遍，几乎任何化工生产工艺都离不开它，在炼油、化工装置中换热器占总设备数量的40%左右。

近年来，随着节能技术的发展，换热器在化工生产中的应用领域不断扩大，在能源循环利用领域，利用换热器对工艺过程中的高温和低温热能回收带来了显著的经济效益。

一、换热器的应用

仔细观察图4-1中这段工艺流程，找一找有哪些是热交换过程。

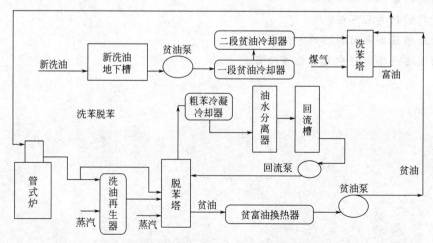

图4-1 洗苯脱苯工艺流程框图

化工工艺过程中存在各种热交换过程，如加热、冷却、蒸发、冷凝等。通过换热器，热量能够从温度较高的流体介质传递给温度较低的流体介质，以满足工艺要求。根据使用目的不同，换热器在化工生产中可以分为不同种类。

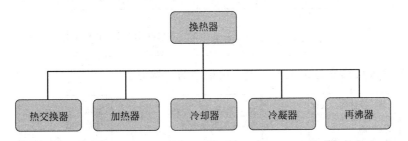

换热器可以作为一个独立的化工设备来使用，也可以作为某一工艺设备的组成部分。图 4-2 就是一台独立结构的换热器。

图 4-2 换热器

回收排放出高温气体中废热所用的废热锅炉，也是换热器在化工生产中的应用之一。

知识链接：家用空调器

一般采用机械压缩的制冷装置，其基本的元件共有四件：压缩机、蒸发器、冷凝器和节流装置，四者以制冷剂相通。压缩机像一颗奔腾的心脏使得制冷剂如血液一样在空调器中连续不断地流动，制冷剂通常以液态、气态和气液混合物状态存在。在这几种状态互相转化中，会对房间中的空气进行热交换，从而引起外界环境温度的变化，实现温度调节。

二、换热器的种类

根据工艺操作中冷、热流体交换的原理及方式，换热器可分成三大类：

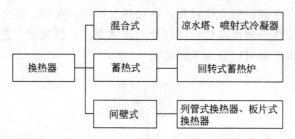

其中，间壁式换热器是化工生产中应用最多的结构形式。

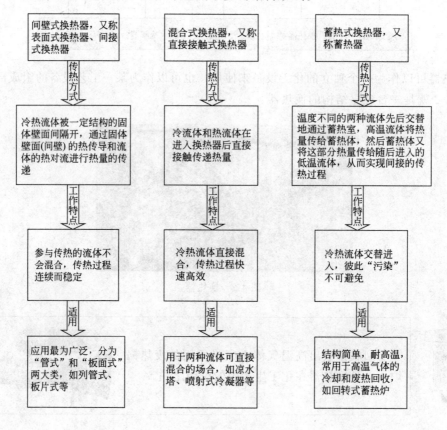

任务二
学习列管式换热器的结构与类型

列管式换热器是目前化工生产中应用最为广泛的一种间壁式换热器。它结构简单，制造工艺成熟，适应性强，处理量大，操作方便，运行安全可靠，特别适合在高温、高压场合和大型装置中使用。虽然在传热效率、设备的紧凑性和金属消耗等方面已不如近些年来出现的其他新型换热器，但其在化工生产中的重要地位依然无法取代。

一、列管式换热器的结构组成

如图 4-3 所示，列管式换热器主要由壳体、管箱、管板、换热管束、折流板和支座等部件组成。这些部件都具备一定的结构形式与功用，见表 4-1。

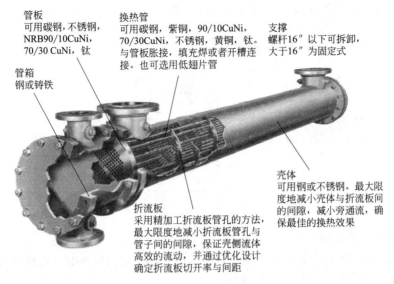

管板
可用碳钢，不锈钢，
NRB90/10CuNi，
70/30 CuNi，钛

换热管
可用碳钢，紫铜，90/10CuNi，
70/30CuNi，不锈钢，黄铜，钛。
与管板胀接，填充焊或者开槽连
接。也可选用低翅片管

支撑
螺杆16″以下可拆卸，
大于16″为固定式

管箱
钢或铸铁

壳体
可用钢或不锈钢。最大限
度地减小壳体与折流板间
的间隙，减小旁通流，确
保最佳的换热效果

折流板
采用精加工折流板管孔的方法，
最大限度地减小折流板管孔与
管子间的间隙，保证壳侧流体
高效的流动，并通过优化设计
确定折流板切开率与间距

图 4-3 列管式换热器

表 4-1 列管式换热器结构表

名称	结构形式	功用
壳体	圆筒形压力容器	为换热操作提供封闭空间
管箱	短筒	均匀分布(进口)或汇聚(出口)管程流体
换热管束	数以百计整齐排列的管子	通过管壁传导热量
管板	多孔厚壁圆平板	支撑固定换热管束、分隔冷热流体
折流板	缺口弓形板	增加壳程流体湍流程度,提高换热效率

工艺生产中，温度不同 A、B 两种流体分别流经换热器的不同区域，如图 4-4 所示，A 流体所流经换热管外的通道及与其相贯通部分称为壳程，它所流经的壳体、折流板等称为壳程结构，A 流体亦称为壳程流体；工程上称 B 流体所流经换热管内的通道及与其相贯通部分为管程，它所流经的管箱、管板和换热管等称为管程结构，B 流体亦称为管程流体。

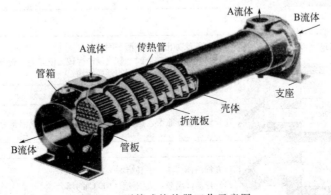

A流体   B流体

A流体   传热管

管箱

支座

折流板   壳体

B流体   管板

图 4-4 列管式换热器工作示意图

二、列管式换热器的类型与工作

根据结构特点，列管式换热器可分为不同类型：

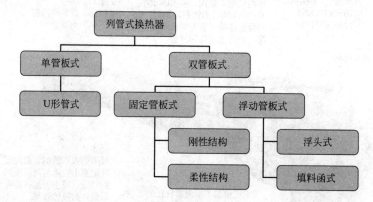

1. 固定管板式换热器

如图 4-5 所示，固定管板式换热器是目前化工生产中使用最多的一种换热器，它结构简单，工作可靠，操作维护方便，工艺成熟。

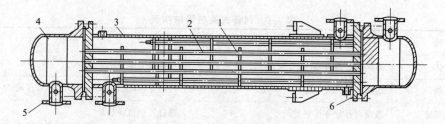

图 4-5　固定管板式换热器
1—折流板；2—换热管；3—壳体；4—管箱；5—接管；6—管板

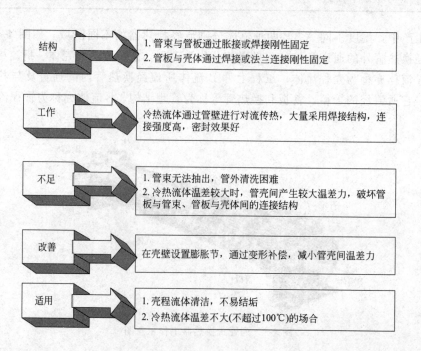

结构	1. 管束与管板通过胀接或焊接刚性固定 2. 管板与壳体通过焊接或法兰连接刚性固定
工作	冷热流体通过管壁进行对流传热，大量采用焊接结构，连接强度高，密封效果好
不足	1. 管束无法抽出，管外清洗困难 2. 冷热流体温差较大时，管壳间产生较大温差力，破坏管板与管束、管板与壳体间的连接结构
改善	在壳壁设置膨胀节，通过变形补偿，减小管壳间温差力
适用	1. 壳程流体清洁，不易结垢 2. 冷热流体温差不大(不超过100℃)的场合

什么是"管壳间温差力"呢？

在固定管板式换热器中，由于管子、管板与壳体彼此通过焊接刚性固定在一起，当有变形产生时，三者必须协调一致。换热器工作时，由于冷热流体的作用，管子与壳体的壁温相差较大，热变形量出现差异。为保证温差变形量一致，在连接焊缝的约束下，管子与壳体内就会产生方向相反的作用力，这就是所谓"管壳间温差力"。

工程上，当管、壳壁温差比较大时，则需要在换热器壳壁上设置温差补偿装置膨胀节，通过膨胀节的柔性变形，来补偿壳壁的温差变形量的不足，从而降低温差力。

2. 浮头式换热器

如图 4-6 所示，浮头式换热器由于采用了一端浮动管板，很好地解决了固定管板式换热器在工作时管壳间产生温差力的问题，允许冷热流体有较大温差，从而可以大幅度地提高换热器的热负荷。但是它结构较复杂，操作维护要求高，造价也高。

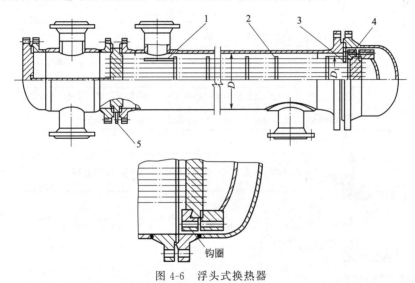

图 4-6　浮头式换热器

1—缓冲挡板；2—折流板；3—浮动管板；4—钩圈；5—排液口

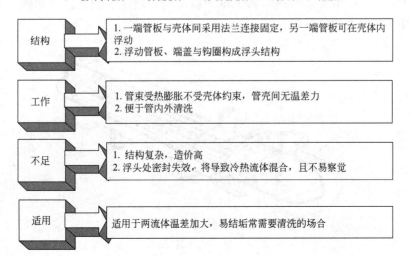

结构	1. 一端管板与壳体间采用法兰连接固定，另一端管板可在壳体内浮动 2. 浮动管板、端盖与钩圈构成浮头结构
工作	1. 管束受热膨胀不受壳体约束，管壳间无温差力 2. 便于管内外清洗
不足	1. 结构复杂，造价高 2. 浮头处密封失效，将导致冷热流体混合，且不易察觉
适用	适用于两流体温差加大，易结垢常需要清洗的场合

3. 填料函式换热器

如图 4-7 所示，填料函式换热器是将浮头式换热器的浮头移到壳体外面，故又称外浮头式，它的外浮头与壳体的滑动接触面采用填料函结构密封，故此得名。相较于浮头式换热器，它结构简单紧凑、造价低，但密封性差，在生产中较少采用。

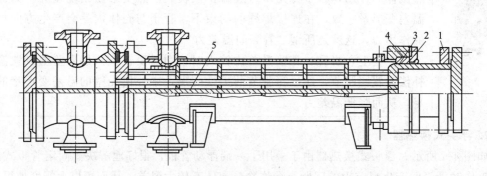

图 4-7　填料函式换热器

1—浮动管板；2—填料压盖；3—填料；4—填料函；5—纵向隔板

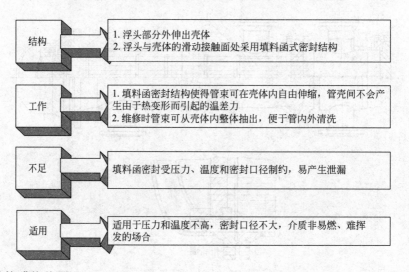

结构	1. 浮头部分外伸出壳体 2. 浮头与壳体的滑动接触面处采用填料函式密封结构
工作	1. 填料函密封结构使得管束可在壳体内自由伸缩，管壳间不会产生由于热变形而引起的温差力 2. 维修时管束可从壳体内整体抽出，便于管内外清洗
不足	填料函密封受压力、温度和密封口径制约，易产生泄漏
适用	适用于压力和温度不高，密封口径不大，介质非易燃、难挥发的场合

4. U 形管式换热器

如图 4-8 所示，U 形管式换热器属于单管板结构，但由于制造、工作维护等方面的原因，在生产中多用于高温高压场合。

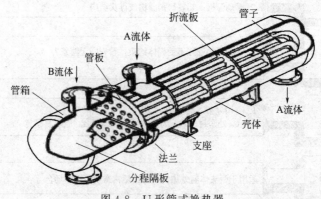

图 4-8　U 形管式换热器

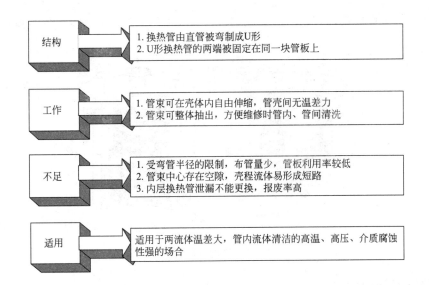

结构	1. 换热管由直管被弯制成U形 2. U形换热管的两端被固定在同一块管板上
工作	1. 管束可在壳体内自由伸缩，管壳间无温差力 2. 管束可整体抽出，方便维修时管内、管间清洗
不足	1. 受弯管半径的限制，布管量少，管板利用率较低 2. 管束中心存在空隙，壳程流体易形成短路 3. 内层换热管泄漏不能更换，报废率高
适用	适用于两流体温差大，管内流体清洁的高温、高压、介质腐蚀性强的场合

知识链接：螺旋折流板换热器

　　弓形折流板换热器是最普遍应用的一种传统管壳式换热器，但它的弊端在于：壳程压降较大；易出现流动死区、旁流和漏流，且容易积垢；较高的质量流速易诱导换热管的振动，缩短其寿命。针对其壳侧流动的缺点，人们提出了螺旋折流板换热器的概念，并于20世纪90年代初开发出系列产品，在实际应用中取得了良好的效果，尤其对于高黏度流体效果更加突出。

任务三
了解其他类型的换热器

　　为适应化工生产的多种需要，除了大量使用列管式换热器之外，生产中还采用其他多种形式的换热器，如沉浸式、喷淋式、套管式、螺旋板式、平板式和板翅式等。

一、沉浸式换热器

　　这种换热器是将金属管弯绕成各种与容器相适应的形状，并沉浸在容器内的液体中，如图4-9所示。沉浸式换热器的优点是结构简单，能承受高压，可用耐腐蚀材料制造。其缺点是容器内液体湍流程度低，管外给热系数小，为提高传热系数，容器内可安装搅拌器。

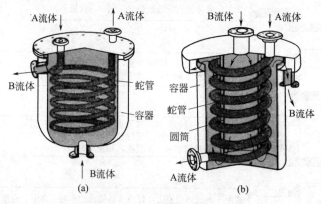

图 4-9　沉浸式换热器

二、喷淋式换热器

这种换热器是将换热管成排地固定在钢架上，热流体在管内流动，冷却水从上方喷淋装置均匀淋下，故也称喷淋式冷却器，如图 4-10 所示。喷淋式换热器的管外是一层湍动程度较高的液膜，管外给热系数较沉浸式增大很多，另外，这种换热器大多放置在空气流通之处，冷却水的蒸发亦带走一部分热量，可起到降低冷却水温度，增大传热推动力的作用。因此，和沉浸式相比，喷淋式换热器的传热效果大有改善。

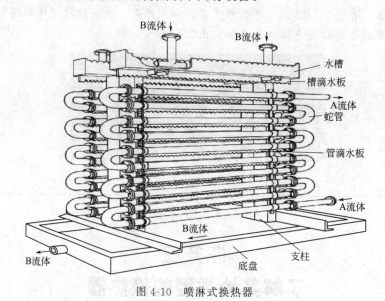

图 4-10　喷淋式换热器

三、套管式换热器

套管式换热器是用两种尺寸不同的标准管连接而成同心圆套管，如图 4-11 所示。以同心套管中的内管作为传热元件，管外的叫壳程，管内部的叫管程。每一段套管称为"一程"，不同程的内管（传热管）借助 U 形肘管连接，而外管用短管依次连接成排，固定于支架上［图 4-11(a)］。热量通过内管管壁由一种流体传递给另一种流体。通常，热流体（A 流体）由上部引入，而冷流体（B 流体）则由下部引入。

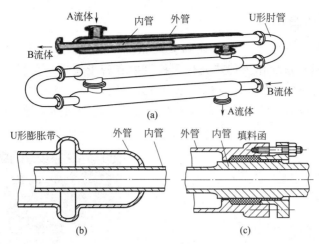

图 4-11 套管式换热器

四、螺旋板式换热器

螺旋板式热交换器如图 4-12 所示，是由两块薄金属板焊接在一块分隔挡板上并卷成螺旋形而成的。两块薄金属板在器内形成两条螺旋形通道，在顶部、底部上分别焊有盖板或封头。进行换热时，冷、热流体分别进入两条通道，在器内做严格的逆流流动。

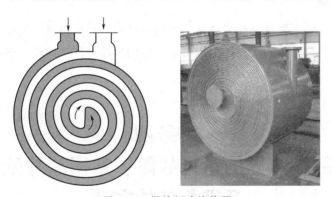

图 4-12 螺旋板式换热器

五、平板式换热器

传热元件为平板的换热器，一般称为板式换热器，如图 4-13 所示，是由一系列具有一定波纹形状的金属片叠装而成的一种新型高效换热器。各种板片之间形成薄矩形通道，通过半片进行热量交换。它与常规的管壳式换热器相比，在相同的流动阻力和功率消耗情况下，其传热系数要高出很多，在适用的范围内有取代管壳式换热器的趋势。

板式换热器的形式主要有框架式（可拆卸式）和钎焊式两大类，板片形式主要有人字形网流波纹板、水平平直波纹板和圆弧形断面波形板片三种。

图 4-13 板式换热器

六、板翅式换热器

板翅式换热器是一种紧凑、轻巧而高效的换热器，主要由板束和封条等构成，如图4-14所示。它以平板和翅片作为传热元件，板束中有若干通道，在每层通道的两平板间放置翅片，并在两侧用封条密封。根据流体流动方式不同，冷、热流体通道间隔叠置、排列并钎焊成整体，即制成板束。两流体流动方式有逆流、错流和错逆流等。常用的翅片有平直、多孔、锯齿和波纹等形式。

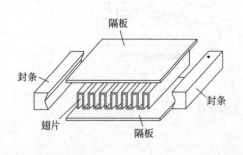

图 4-14　板翅式换热器

 素质拓展

近年来，我国加快了换热器研发速度，在物性模拟、分析设计、大型化及降能耗、强化技术、新材料、控制腐蚀等六个方面，取得了不俗的成绩，国产高端换热器成为国内的主流产品。

任务四
识别换热器的常见故障、掌握故障处理及设备维护方法

在工艺生产中，列管式换热器最容易发生故障的元件是换热管，特别是管子的两端，介质在工作时不间断地冲刷、腐蚀，极易导致换热管的损坏。因此，经常性的检查换热管，及时发现故障，采取正确的应对措施，是换热器正常高效工作的重要保证。列管式换热器最常见的故障是管束振动、管子泄漏和管壁积垢等。

一、换热器的常见故障现象及处理方法

表 4-2 为换热器常见故障现象、原因及处理方法。

表 4-2　换热器常见故障现象、原因及处理方法

故障现象	故障原因	处理方法
管束振动	1. 横向流动冲击 2. 换热管与折流板间隙过大 3. 壳程流体脉冲流动	1. 机械胀管 2. 增加折流板数，调整间隙；管子磨损严重，则更换新管 3. 设置缓冲装置(挡板、导流筒)，消除介质脉冲流动

续表

故障现象	故障原因	处理方法
管子泄漏	介质的腐蚀和冲刷	1. 堵管:采用锥形金属塞在管子两端敲紧并焊牢(一根或几根管子泄漏) 2. 换管:拆除损坏的管子,更换新管并胀接(接近或超过总管数的10%)
管壁积垢	介质的腐蚀、冲蚀和结焦	停工检修,彻底清洗。对管壁积垢的清除方法主要有风扫、汽扫、水洗、机械除垢和化学清洗等

知识拓展：海绵球清洗法

这种方法是将较松软并富有弹性的海绵球塞入换热管内，使海绵球受到压缩而与管内壁接触，然后用人工或机械法使海绵球沿管壁移动，不断摩擦管壁，达到消除积垢的目的。对不同的垢层可选不同硬度的海绵球，对特殊的硬垢可采用带有"带状"金刚砂的海绵。据资料介绍我国在兰州石化采用这种方法清洗冷凝器取得了较好的效果。

二、换热器的维护

1. 日常维护

① 操作人员严格按换热器操作规程进行启动、运行及停车。

② 日常操作应特别注意防止压力、温度的波动，应保证压力稳定，不允许超压运行。

③ 工作时密切注意设备及附属管线密封、振动情况，发现异常情况，应立即查明原因，及时上报，并由有关单位组织处理。

④ 保持设备清洁，经常清扫周围环境。

⑤ 认真填写运行记录。

2. 定期检查

① 按生产工艺及介质不同定期对换热器进行清洗。

② 每个运行周期对换热器进行一次检查，检查内容包括：

a. 焊缝有无裂纹、渗漏；

b. 法兰连接螺栓有无松动；

c. 基础有无下沉倾斜、开裂及基础螺栓腐蚀情况；

d. 定期对冷却水进行取样分析，检查换热管泄漏与否。

 项目小结

1. 换热器的应用及类型

应用是工艺应用和余热回收，按工作原理分混合式、蓄热式和间壁式。

2. 列管式换热器的结构和类型

结构由壳体、换热管、管板、管箱和折流板等元件组成。

类型是固定管板式、浮头式、填料函式和U形管式。

3. 其他类型换热器

沉浸式、喷淋式、套管式、螺旋板式、平板式和板翅式换热器等。

思考与练习

1. 什么叫换热器？它在化工生产中有何应用？

2. 简述列管式换热器的结构类型及特点。

3. 什么是列管式换热器的壳程和管程？它们包括哪些结构？

4. 列管式换热器的常见故障有哪些？其检修方法怎样？

5. 你知道还有哪些非列管式换热器吗？

项目五

学习泵

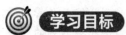

学习目标

① 了解泵的基础知识；

② 掌握离心泵的结构及各部件的作用；

③ 了解离心泵的选用、安装，熟悉泵的操作；

④ 了解其他类型泵；

⑤ 识别泵的常见故障，简单分析判断故障原因，会采取相应处理措施，会进行常规的维护和保养。

任务一
了解泵的基础知识

图 5-1 所示是农田排涝的情景。柴油机带动水泵将农田的积水排走，保证了庄稼的正常生长。

图 5-1 农田排涝

图 5-2 给水泵站

打开水龙头，水就流出来。自来水从水厂到用户，需要给水泵站来完成输送，如图 5-2 所示。

一、泵的应用

1. 泵的应用领域

泵主要用来输送液体，包括水、油、酸碱液、乳化液、悬乳液和液态金属等，也可输送气液混合物以及含悬浮固体物的液体。泵的种类多，应用领域广，用量大。图 5-3 是各种类型的泵。表 5-1 列出了泵的应用领域及作用。

图 5-3　各种类型的泵

表 5-1　泵的应用领域及作用

应用领域	作　　用
居民生活	生活用水等给排水,需要大量的泵
机械行业	机床等动设备的润滑
纺织业	漂液和染料的输送
造纸业	纸浆的输送
食品业	牛奶和糖类食品的输送
矿业开采	矿井排水
冶金业	选矿、冶炼和轧制等工序,需用泵来供水
核电站	载热体的循环需要核主泵、二级泵、三级泵
热电厂	需要大量的锅炉给水泵、冷凝水泵、循环水泵和灰渣泵
国防工业	飞机襟翼、尾舵和起落架的调节,军舰和坦克炮塔的转动,潜艇的沉浮等都需要用泵
农业	农作物的浇灌;雨季农田排涝

　　总之,无论是飞机、火箭、坦克、潜艇、船舶、火车等大型设备,还是核电、钻井、采矿、农田排灌等各行各业,以及日常的生活,到处都需要用泵,到处都有泵在运行。

2. 化工用泵

　　化工原料和产品,大多易燃、易爆,有的有毒、有的具有腐蚀性,有的还含有固体颗粒介质;化工生产过程的温度、压力高低不同,流量大小迥异。化工行业的这些特点,决定了化工用泵的特殊性和多样性。图 5-4 是化工厂常用的耐腐蚀化工泵。表 5-2 列出了化工用泵的使用环境及对泵的要求等。

图 5-4　耐腐蚀化工泵

表 5-2　化工用泵的使用环境及对泵的要求

物料性质及使用环境	对泵的要求	可选类型
输送易燃、易爆、有毒、有放射性或贵重介质	要求轴封可靠或采用无泄漏泵	磁力驱动泵、隔膜泵、屏蔽泵
输送腐蚀性介质	对流部件采用耐腐蚀性材料	AFB 不锈钢耐腐蚀泵、CQF 工程塑料磁力驱动泵

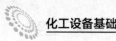

续表

物料性质及使用环境	对泵的要求	可选类型
输送含有固体颗粒的介质	要求对流部件采用耐磨材料,必要时轴封采用清洁液体冲洗	泥浆泵、污水泵等
按配比输送多种液体	要求准确计量	计量泵
需要扬程很高,但流量不大	需要很高的扬程	往复泵、旋涡泵
需要流量很大,但扬程不大	需要很大的流量	轴流泵和混流泵
启动频繁或灌泵不便	具有自吸性能	自吸式离心泵、自吸式旋涡泵、气动(电动)隔膜泵

总之,根据化工物料的性质和泵的使用环境,可以选用不同类型的泵,以满足化工生产和储运的要求。

二、泵的分类和型号

1. 泵的分类

泵的种类繁多,可以根据不同的分类标准进行分类,按工作原理分为三类:

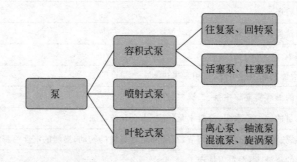

泵的其他分类:

① 按泵轴位置分为立式泵和卧式泵;

② 按吸入口数目分为单吸泵和双吸泵,如图 5-5 所示;

图 5-5　双吸泵

③ 按驱动泵的原动机分为电动泵、汽轮机泵、柴油机泵和气动隔膜泵;

④ 按输送液体的性质不同,分为清水泵、耐腐蚀泵、油泵、污水泵、杂质泵;

⑤ 按吸液方式不同,分为单吸泵、双吸泵;

⑥ 按叶轮的数目不同,分为单级泵、多级泵。

2. 离心泵的型号

在众多类型的泵中,应用最广的是离心泵。

离心泵的型号由字母加数字组成,例如 IS50-32-125、25F-16,可以查阅相关资料了解各种离心泵的型号和适用范围。

泵的铭牌上标明了泵的型号,如图 5-6 所示。铭牌上还标明了该泵的流量、扬程、效率等泵的性能参数。离心泵效率最高点称为设计点,泵在该点对应的压头和流量下工作最为经济。离心泵铭牌上标出的性能参数即为最高效率点上的工况参数。

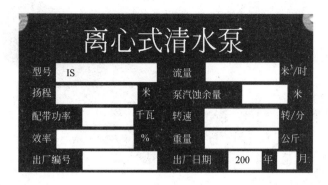

图 5-6 离心泵铭牌

三、泵的工作过程

图 5-7 是离心泵的工作原理图。叶轮 1 安装在泵壳 2 内，并紧固在泵轴 3 上，泵轴由电动机直接带动。泵壳中央有一液体吸入口 5 与吸入管 4 连接。液体经底阀 8 和吸入管进入泵内。泵壳上的液体排出口 6 与排出管 7 连接。

在泵启动前，泵壳内灌满被输送的液体。启动后，叶轮由泵轴带动高速转动，叶片间的液体也随着转动，在离心力的作用下，液体从叶轮中心被抛向外缘并获得能量，以高速离开叶轮外缘进入蜗形泵壳。在蜗壳中，液体由于流道的逐渐扩大而减速，又将部分动能转变为静压能，最后以较高的压力流入排出管道，送至需要场所。液体由叶轮中心流向外缘时，在叶轮中心形成了一定的真空，由于贮槽液面上方的压力大于泵入口处的压力，液体便连续由吸入管进入泵中。可见，只要叶轮不断地转动，液体便会不断地被吸入和排出。

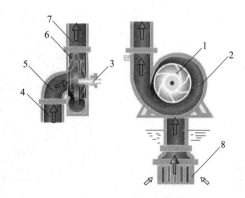

图 5-7 离心泵工作原理图

1—叶轮；2—泵壳；3—泵轴；4—吸入管；5—吸入口；
6—排出口；7—排出管；8—底阀

任务二
学习离心泵

离心泵的结构如图 5-8 所示。

离心泵的主要部件有叶轮、泵壳和轴封装置，如图 5-9 所示。此外还有密封环、轴向力平衡装置等零部件。

1. 叶轮

叶轮的作用是将原动机的机械能直接传给液体，以增加液体的静压能和动能。叶轮一般有 6～12 片后弯叶片，有开式、半开式和闭式三种，如图 5-10 所示。

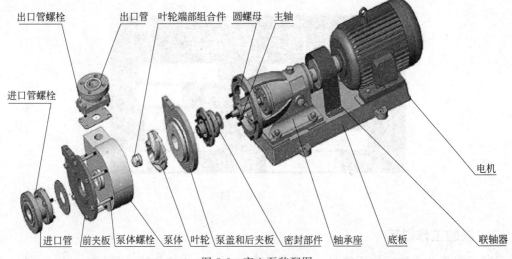

图 5-8 离心泵装配图

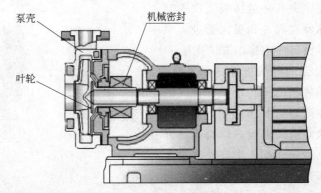

图 5-9 离心泵结构图

(a) 开式

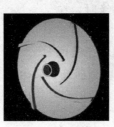

(b) 半开式

(c) 闭式

图 5-10 离心泵的叶轮

按吸液方式不同，叶轮有单吸式和双吸式两种。

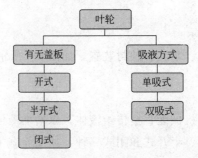

2. 泵壳

泵壳的作用是将叶轮封闭在一定的空间，以便由叶轮吸入和压出液体。泵壳多做成蜗壳形，故又称蜗壳，如图 5-11 所示。泵壳流道截面积逐渐扩大，从叶轮边缘甩出的高速液体的流速逐渐降低，部分动能转换为静压能。泵壳不仅汇集叶轮甩出的液体，而且也是一个能量转换装置。

在多级离心泵中，在叶轮与泵壳之间有时安装一个固定不动且带有叶片的导轮，可以使动能有效地转化为静压能。

图 5-11　泵壳

3. 轴封装置

在离心泵中，轴伸出于泵体，为了防止泵体内的高压液体漏出，同时防止空气进入泵体内，所以设有密封装置。通常把轴和泵体间的密封称为轴封装置。

轴封装置主要有填料密封和机械密封两种。

（1）填料密封

如图 5-12 所示，填料密封主要由填料箱、填料、水封环、填料压盖等组成。它靠泵轴外表面和填料接触达到密封。填料又叫盘根，一般使用石墨或黄油浸透的棉织物及石棉。密封的严密性可用调节填料压盖的方法来实现。

图 5-12　石墨填料密封环

图 5-13　机械密封

（2）机械密封

机械密封又叫端面密封，如图 5-13 所示，机械密封是靠装在轴上的动环与固定在泵壳上的静环之间端面做相对运动而达到密封的。机械密封比填料密封的密封性好，泄漏少，寿命长，功率消耗小。但机械密封制造较复杂，精度要求高，价格贵，同时安装技术要求也较高。

让我们想想

> 离心泵的叶片为什么要做成后弯式？离心泵壳做成蜗壳形有什么好处？
> 后弯式叶片和蜗壳形泵壳，都是为了能量的有效转化，提高泵的有效功率。

4. 离心泵的其他部件

（1）密封环

密封环又叫口环，一般装在泵体上，与叶轮吸入口外圆构成很小间隙。由于泵体内液体压力较吸入口压力高，所以泵体内的液体总有流向叶轮吸入口的趋势。密封环主要作用就是防止叶轮与泵体之间的液体漏损。密封环还起到承受摩擦的作用，当间隙磨大后可更换新的密封环而不使叶轮和泵体报废，以延长它们的寿命，所以密封环是泵的易损件，图 5-14 是

图 5-14 碳化硅密封环

碳化硅密封环。

（2）平衡装置

由于叶轮两侧存在着压强差，所以作用力是不相等的。有一个力将叶轮推向吸入口侧，这个力叫轴向推力。由于轴向推力的作用，使泵的转动部分发生轴向窜动，从而引起磨损、振动和发热，使泵不能正常工作运转。因此必须采用平衡装置。

离心泵的轴向平衡装置，最常见的有平衡孔、平衡管和平衡盘。

① 平衡孔 如图 5-15 所示，在叶轮后盖板上增加与前盖板上相同的密封环，并在后盖板上开几个孔，使后盖处压力和吸入口压力基本相等，从而平衡了轴向推力。

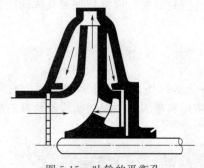

图 5-15 叶轮的平衡孔

图 5-16 平衡盘

② 平衡管 在泵体上接一管通到泵的吸入口，使叶轮两侧压力基本平衡。

以上两种装置，结构简单，但会引起液体回流，降低效率，同时尚有 10％～25％ 的轴向推力得不到平衡，通常须装推力轴承来承受剩余轴向推力。

③ 平衡盘 如图 5-16 所示，平衡盘主要用于多级泵中，它和最后一级叶轮固定在同一轴上。平衡盘和泵体间有一轴向间隙，当叶轮工作时，高压液体经过间隙流入平衡盘右面空间即平衡室。平衡室与吸入口相通，平衡室压力和吸入口一样很低，故平衡盘两侧有压差，由于压差推力和轴向推力方向相反，从而使轴向力达到平衡。泵的整个转动部分可以左右窜动，而工作时由平衡盘自动平衡。

另外，双吸式叶轮也可以平衡部分轴向推力。

知识拓展：一种新型的泵——磁悬浮潜水电泵

磁悬浮潜水电泵是世界首创的专利技术产品，如图 5-17 所示。它实现了世界潜水电泵领域重大突破，有效解决了传统潜水电泵的种种弊端，如转换效率偏低、耗电过高、扬程受限、轴承易损、检修频繁等。广泛应用于工矿企业的供排水、农田灌溉及高原、山区供水等领域。

磁悬浮潜水电泵以独有的专利技术改变了潜水电泵的制造工艺，转换效率达到令人震惊的新水平，创造了巨大节能降耗效益。

磁悬浮潜水电泵解决了制约世界潜水电泵

图 5-17 磁悬浮潜水电泵

领域发展的轴向力问题，潜水电泵的扬程有了突破性提高，填补了超高扬程（单机扬程设计到上千米）和超大流量（高承载）潜水电泵的市场空白；扬程、流量曲线趋于平缓。其转换效率、单机最高扬程均居世界领先地位。

磁悬浮潜水电泵实现了立轴磁悬浮（在不同工况下保持高效率）、不磨损，使用时间及检修周期延长数倍，省去频繁的定期检修工作，可连续运转数万小时，节省维修、检修费用。

能力拓展：

① 泵的设计和制造技术发展很快，查阅资料，了解泵的发展水平。

② 离心泵在结构设计方面应尽量做到减少阻力消耗，说明哪些部件可以减少阻力？

任务三
了解其他类型的泵

一、往复泵

往复泵是一种容积式泵，在化工生产过程中应用较为广泛，主要适用于小流量、高扬程的场合，如图 5-18 所示。它是依靠活塞的往复运动并依次开启吸入阀和排出阀，从而吸入和排出液体。

二、计量泵

计量泵是往复泵的一种，基本结构和操作原理与往复泵相同，有隔膜式和柱塞式两种形式，如图 5-19 所示。

图 5-18　往复泵

隔膜式计量泵

柱塞式计量泵

图 5-19　计量泵

计量泵可以严格地控制和调节流量，适用于要求输液量十分准确而又便于调整的场合。加油站里给车辆加油的加油机，用的就是计量泵。

三、齿轮泵

齿轮泵是由一对相互啮合的齿轮在相互啮合的过程中引起的空间容积的变化来输送液

体，如图 5-20 所示。

图 5-20　齿轮泵

四、螺杆泵

螺杆泵属于转子容积泵，如图 5-21 所示。根据螺杆根数，可分为单螺杆泵、双螺杆泵、三螺杆泵和五螺杆泵等几种。其工作原理是螺杆在具有内螺纹的泵壳中偏心转动，将液体沿轴向推进，最终由排出口排出。

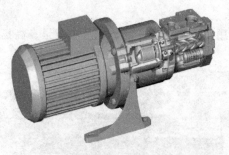

图 5-21　螺杆泵　　　　　　　　　　　　　　图 5-22　旋涡泵

五、旋涡泵

旋涡泵是一种特殊类型的离心泵，也由泵壳和叶轮组成，如图 5-22 所示。它的叶轮由一个四周有凹槽的圆盘构成，几十片叶片呈辐射状排列。工作时，液体按叶轮的旋转方向进入泵的流道，液体依靠纵向旋涡在流道内每经过一次叶轮就得到一次能量，因此可达到很高的扬程。

六、屏蔽泵

屏蔽泵属于离心式无密封泵，泵和驱动电机都被封闭在一个被泵送介质充满的压力容器内。这种结构取消了传统离心泵具有的旋转轴密封装置，能做到完全无泄漏，如图 5-23 所示。

七、喷射泵

喷射泵属于流体作用泵，利用从喷嘴流出的高速流体造

图 5-23　屏蔽泵

成喷嘴处的局部低压，将另一种流体吸进喷嘴附近，再送至排液管中。根据喷射流体不同，有水力喷射泵和蒸汽喷射泵两种，如图 5-24、图 5-25 所示。

图 5-24　水力喷射泵

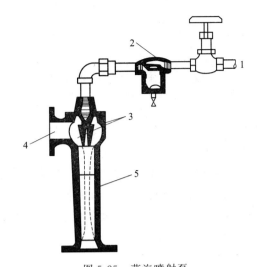

图 5-25　蒸汽喷射泵

1—工作蒸汽入口；2—过滤器；3—喷嘴；4—吸入口；5—扩散器

各种类型泵的比较，见表 5-3。

表 5-3　各种类型泵的比较

类型	离心泵	往复泵	旋转泵	旋涡泵	流体作用泵
流量	1. 均匀 2. 量大 3. 流量随管路情况而变化	1. 不均匀 2. 量不大 3. 流量恒定	1. 比较均匀 2. 量小 3. 流量恒定	1. 均匀 2. 量小 3. 流量随管路情况而变化	1. 量小 2. 间断排送
扬程	1. 一般不高 2. 对一定的流量只有一定的扬程	1. 较高 2. 对一定的流量有不同的扬程，由管路系统确定	1. 较高 2. 对一定的流量有不同的扬程，由管路系统确定	1. 较高 2. 对一定的流量只有一定的扬程	扬程不宜高，越高效率越低
效率	1. 最高70%左右 2. 在设计点最高，偏离越远，效率越低	1. 在80%左右 2. 对于不同的扬程，效率仍保持较大值	1. 60%～90% 2. 扬程高时泄漏大，效率降低	25%～50%	一般仅15%～20%
结构	1. 简易、价廉、安装容易 2. 高速旋转，可直接与电机相连 3. 体积小 4. 轴封装置要求高，不能漏气	1. 零件多，结构复杂 2. 振动很大，不可快速，安装较难 3. 体积大 4. 需吸入排出活门 5. 输送腐蚀性液体时，结构更复杂	1. 没有活门 2. 可直接与电机相连 3. 零件较少，但制造精度要求高	1. 结构简单、紧凑，具有较高的吸入高度 2. 高速旋转，可直接与电机相连 3. 叶轮和泵壳之间要求间隙很小 4. 轴封装置要求高，不能漏气	1. 无活动部分 2. 结构简单
操作	1. 有气缚现象，开车前要充液，运转中不能漏气 2. 维护、操作方便 3. 可用出口阀很方便地调节流量 4. 不因管路堵塞而发生损坏	1. 零件多，易出故障，检修麻烦 2. 不能用出口阀调节流量，只能用支路阀调节 3. 扬程、流量改变时能保持高效率	1. 检修比离心泵复杂，比往复泵容易 2. 不能用出口阀调节流量，只能用支路阀调节	1. 功率随流量的减小而增大，开车时应将出口阀打开 2. 不能用出口阀调节流量，只能用支路阀调节	1. 有的是间歇操作 2. 流量难调节

续表

类型	离心泵	往复泵	旋转泵	旋涡泵	流体作用泵
适用范围	一般流量大而扬程小，可输送腐蚀性或悬浮液，不适用黏度大的液体	高扬程、小流量的清洁液体	高扬程、小流量，特别适用于输送油类等黏性液体	特别适用于流量小而扬程较高的液体，但不能输送污秽的液体	间歇性地输送腐蚀性液体

能力拓展：

1. 到当地较大规模的化工企业，考察该企业所用泵的类型及应用场合。

2. 在油田的采油区，你会见到众多的"磕头虫"在工作，如图 5-26 所示。"磕头虫"把地下的原油送至地上。你知道"磕头虫"用的是什么类型的泵吗？

图 5-26　夜幕下的"磕头虫"

任务四
识别泵的常见故障、掌握故障处理及设备维护方法

某化工厂的操作工，进行设备巡查，发现正在工作的泵出现了异常现象。有一台泵出现较大量泄漏，并且轴承温度过高，泵的出口压力和流量下降。于是紧急启动了备用泵，以确保生产正常进行。

如何修复出现故障的离心泵呢？

一、离心泵的常见故障现象及处理方法

表 5-4 为离心泵常见故障现象原因及处理方法。

表 5-4 离心泵常见故障现象原因及处理方法

故障现象	故障原因	处理方法
泵灌不满	1. 底阀闭合不严,吸液管路泄漏 2. 底阀已坏	1. 检修底阀和吸液管路 2. 修理或更换底阀
启动后泵不上料	1. 开泵前泵体内液体未充满 2. 开泵时出口阀全开,致使压头下降而低于输送高度 3. 压力表失灵,指示为零,误以为打不上料 4. 电机相线接反 5. 叶轮和泵壳之间的间隙过大 6. 底阀开启不灵或滤网部分淤塞 7. 吸液管阻力太大 8. 吸液高度过高 9. 吸液部分浸没深度不够	1. 停泵,充液排气后重新启动 2. 关闭出口阀,重新启动泵 3. 更换压力表 4. 重接电机相线,使电机正转 5. 调整叶轮和泵壳之间的间隙至符合要求 6. 检修底阀或清洗滤网部分 7. 清洗或更换吸液管 8. 适当降低吸液高度 9. 增加吸液部分浸没深度
贮液罐抽空	开泵运转后未及时检查液面使贮罐抽空,泵体内进入空气,发生气缚,泵打不上料	停泵,充液并排尽空气,待泵体充满液体后重新启动泵
轴封泄漏	1. 填料未压紧 2. 填料发硬失去弹性 3. 填料磨损 4. 填料安装不合格 5. 泵轴弯曲或磨损 6. 机械密封,动环与静环接触面,安装时找平未达标	1. 调节填料松紧程度 2. 更换填料 3. 更换填料 4. 重新安装填料 5. 修理或更换泵轴 6. 更换动环,重新安装,严格找平
填料过热甚至烧坏	1. 填料压得太紧,开泵前未盘车 2. 填料内冷却水进不去 3. 轴和轴套表面有损坏 4. 密封液阀未开或开得太小	1. 更换填料,进行盘车,调节填料松紧度 2. 检查输液管填料环孔 3. 修理轴表面或更换轴套 4. 调节好密封液
高位槽满料	1. 上下岗之间联系不够,开车前未及时通知后续岗位 2. 泵的出口流量开得太大	1. 开停泵前加强岗位间的联系 2. 慢慢开启泵出口阀,勿过快过大
轴承过热	1. 轴承内润滑油不良或油量不足 2. 轴已弯曲或轴承滚珠失圆 3. 轴承安装不正确或间隙不适当 4. 泵轴与电动机轴同轴度不符合要求 5. 轴承已磨损或松动 6. 平衡盘失去作用	1. 更换合格新油,并加足油量 2. 检修或更换零件 3. 检查并加以修理 4. 重新找正 5. 检查或更换轴承 6. 检查平衡是否堵塞,检修平衡盘及平衡环;更换平衡环或平衡盘
振动	1. 叶轮磨损不均匀或部分流道堵塞,造成叶轮不平衡 2. 泵体的密封环、平衡环等与转子吻合部分有摩擦 3. 转动部分零件松弛或破裂 4. 泵内发生气蚀现象 5. 两联轴器结合不良 6. 地脚螺栓松动	1. 对叶轮做平衡校正或清洗叶轮 2. 消除摩擦同时保证较小的密封间隙 3. 检修或更换磨损零件 4. 消除产生气蚀原因 5. 重新调整安装 6. 拧紧地脚螺栓

二、离心泵的运行、维护和保养

1. 离心泵的运行

离心泵运行前要做好准备工作。要了解被输送物料的物理化学性质，了解被输送物料的工况，对所配用的各种测量仪表和监控装置进行检查，确保测量仪表和监控装置完好，处于正常工作状态。同时进行试运转。

开车和停车，要严格遵守操作规程。运行过程中要及时进行检查，以保证设备的正常运行。

表5-5列出了离心泵的操作步骤及要点。

表5-5　离心泵的操作步骤及要点

操作步骤	操作要点及原因
灌泵	启动前，使泵体内充满被输送液体，避免发生气缚现象
盘车	用手使泵轴绕运转方向转动，每次以180°为宜，不得反转。以便检查润滑情况，密封情况，是否有卡轴现象，是否有堵塞或冻结现象
启动电机	关闭出口阀门，启动电机，此时流量为零，所需轴功率最小，保护了电机。但是关闭出口阀门运转的时间尽可能短
调节流量	缓慢打开出口阀门，调节到所需流量
检查	要经常检查泵的运转情况，比如轴承温度、润滑情况、压力表及真空表读数等。发现问题及时处理
停车	先关闭出口阀，再停电机，以免排出管路中的高压液体倒流，造成叶轮反转而损坏

2. 离心泵的维护和保养

离心泵只有经常维护和保养，才能减少故障的发生。那么如何做好离心泵的维护和保养呢？

① 检查进口阀的过滤器，看滤网是否破损，如有破损应及时更换，以免焊渣等颗粒进入泵体，定时清洗滤网。

② 泵壳和叶轮进行解体、清洗、重新组装时，要调整好叶轮与泵壳的间隙。叶轮和泵壳若有腐蚀、损坏情况的，应分析原因并及时处理。

③ 定期清洗轴封、轴套系统。

④ 及时更换润滑油，以保持良好的润滑状态。

⑤ 采用填料密封的，要及时更换填料，并调节至适合的松紧度；采用机械密封的应及时更换动环和密封液。

⑥ 长期停车时，要将泵内的液体排净，以免锈蚀和冬季冻结。

⑦ 长期停车，再开工前应将电机进行干燥处理。

⑧ 检查现场及遥控的一次、二次仪表的指示是否正确，是否灵活好用，对失灵的仪表及配件及时维修或更换。

⑨ 检查泵的进、出口阀的阀体，是否有因磨损而发生内漏等情况，如有内漏应及时更换阀门。

 项目小结

1. 泵的基础知识

泵的应用范围广、种类多，用量大；

化工用泵具有多样性和特殊性；

离心泵的种类和型号；

离心泵的工作过程。

2. 离心泵

离心泵的结构；

离心泵各部件的作用。

3. 其他类型的泵

往复泵、计量泵、齿轮泵等。

4. 离心泵的故障排除和日常维护保养

离心泵的故障诊断和排除；

离心泵的运行、维护与保养。

思考与练习

1. 举例说明化工用泵的特殊性和多样性。

2. 说出离心泵是如何分类的。

3. 离心泵是如何吸液和排液的？

4. 离心泵的主要部件有哪些？

5. 叶轮、泵壳和轴封装置的作用是什么？

6. 查阅表 5-3 各种类型泵的比较，说明哪种泵的流量大，哪种泵的扬程高，哪种泵的效率高。

7. 离心泵运行前要做哪些准备工作，开工和停工的程序是什么？

8. 离心泵运行中要做哪些检查？

9. 离心泵维护和保养的内容有哪些？

10. 运行中的离心泵，轴承过热是什么原因造成的？如何处理？

11. 运行中的离心泵，发生了强烈振动，分析其原因，并提出改善措施。

项目六

认识压缩机

🎯 **学习目标**

① 了解压缩机的应用和分类；

② 掌握往复式压缩机的工作原理、结构及整体性能；

③ 了解多级压缩过程；

④ 掌握离心式压缩机的工作原理；

⑤ 掌握离心式压缩机的流量调节；

⑥ 能判断压缩机的喘振现象；

⑦ 识别压缩机的常见故障，简单分析判断故障原因，会采取相应处理措施，会进行常规的维护和保养。

任务一
了解压缩机

压缩机是一种输送气体和提高气体压力的设备，化工生产中应用极广，如图 6-1 所示。

图 6-1 压缩机

一、压缩机的应用

各种气体通过压缩机提高压力后，大致有如下的用途。

1. 压缩气体作为动力

空气经过压缩后可以作为动力用，机械与风动工具以及控制仪表与自动化装置等。

2. 压缩气体用于制冷和气体分离

气体经压缩、冷却、膨胀而液化，用于人工制冷，这类压缩机通常称为制冰机或冰机。若液化气体为混合气时，可在分离装置中将各组分分别地分离出来，得到合格纯度的各种气体。如石油裂解气的分离，先是经压缩，然后在不同的温度下将各组分分别地分离出来。

3. 压缩气体用于合成及聚合

在化学工业中，某些气体经压缩机提高压力后有利于合成及聚合。如氮气与氢气合成氨，氢气与二氧化碳合成甲醇，二氧化碳与液氨合成尿素等。又如高压下生产聚乙烯。

4. 气体输送

压缩机还用于气体的管道输送和装瓶等。如远程煤气和天然气的输送，氯气和二氧化碳的装瓶等。

二、压缩机的分类

压缩机的种类很多，如果按其工作原理，可分为容积型和速度型两大类，如图 6-2 所示。

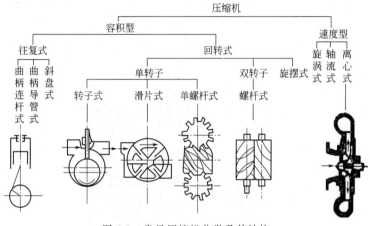

图 6-2　常见压缩机分类及其结构

1. 容积型压缩机

在容积型压缩机中，一定容积的气体先被吸入到汽缸里。在汽缸中其容积被强制缩小，气体分子彼此接近，单位体积内气体的密度增加，压力升高，当达到一定压力时气体便被强制地从汽缸排出。可见，容积型压缩机的吸排气过程是间歇进行，其流动并非连续稳定的。容积型压缩机按其压缩部件的运动特点可分为两种形式：往复活塞式和回转式。而后者又可根据其压缩机的结构特点分为滚动转子式、滑片式、螺杆式（又称双螺杆式）、单螺杆式等。

2. 速度型压缩机

在速度型压缩机中，气体压力的增长是由气体的速度转化而来，即先使吸入的气流获得一定的高速，然后再使之缓慢下来，让其动量转化为气体的压力升高，而后排出。可见，速度型压缩机中的压缩流程可以连续地进行，其流动是稳定的。

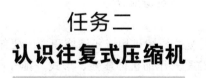

任务二
认识往复式压缩机

一、往复式压缩机的应用

目前往复式压缩机主要有活塞式空压机、化工工艺压缩机、石油和天然气压缩机，活塞

图 6-3 往复式压缩机

式空压机现在主要向中压及高压方向发展，这个是螺杆机、离心机目前无法达到的一个高度。

二、往复式压缩机的工作原理和结构

1. 往复式压缩机的结构

图 6-3 所示的设备是一种往复式压缩机。

在往复式压缩机中，直接参与压缩过程的部件有汽缸、活塞和气阀。其他结构还有汽缸套、填料、调节机构、活塞杆、十字头、连杆、曲轴、主轴承、滑道、机身、中间连接体、油泵、注油器等部件。图 6-4 所示为 L 形往复式压缩机的结构图。

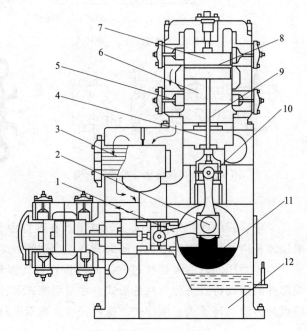

图 6-4 L 形往复式压缩机

1—连杆；2—曲轴；3—中间冷却器；4—活塞杆；5—气阀；6—汽缸；
7—活塞；8—活塞环；9—填料；10—十字头；11—平衡重；12—机身

图 6-5 所示为卧式往复式压缩机。它的结构主要包括工作腔部分（汽缸、活塞）、传动部分（曲轴、连杆、十字头）以及机身部分等。

（1）汽缸

汽缸如图 6-6 所示，是往复式压缩机构成压缩容积的主要部件，从而使汽缸和活塞配合完成气体的压缩过程。根据往复式压缩机的压强、形式、排气量和用途不同，汽缸的结构也有所不同。根据压强的不同，一般分为低压缸和高压缸两类。在压力小于 5×10^3 kPa 的低压缸和小于 8×10^3 kPa 且尺寸较小的汽缸，通常采用铸铁制造；在压强小于 15×10^3 kPa 时，通常采用铸钢制造；如果压力再高时，则可以用合金钢锻制。在化工往复压缩机中，大多在汽缸外壁装有冷却水套，用来冷却汽缸内的气体和部件。

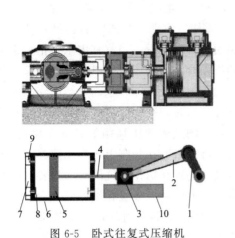

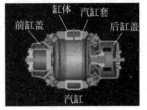

图 6-5　卧式往复式压缩机

1—曲轴；2—连杆；3—十字头；4—活塞杆；5—活塞；

6—汽缸；7—缸头；8—进气阀；9—排气阀；10—机身

图 6-6　往复式压缩机的汽缸

（2）活塞

活塞如图 6-7 所示，是用来压缩气体的基本部件。往复式压缩机一般采用盘状活塞，其结构如图 6-8 所示，活塞顶部与汽缸内壁及汽缸盖构成一个封闭的工作容积。为了防止气体由高压一侧泄漏到低压侧，需要在活塞上装有活塞环（亦称涨圈），活塞环在未压紧的自由状态下，其直径稍大于汽缸的直径。因此，在装入汽缸后，活塞环依靠本身的弹性能够紧紧压贴在汽缸的表面上，这样就能够保证活塞具有良好的密封性能。活塞环开口处尽量错开，以减少气体的外泄。

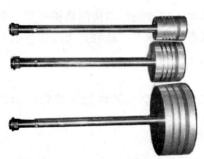

图 6-7　往复式压缩机的活塞

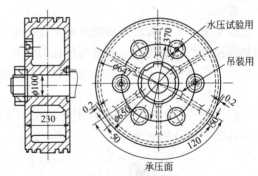

图 6-8　活塞示意图

（3）气阀

气阀也叫活门，如图 6-9 所示。它是往复式压缩机中一个很重要的部件，也是一个易损部件。

图 6-9　往复式压缩机的气阀

活门按工作原理可分为自动式气阀和强制式气阀两类，目前绝大多数压缩机中采用自动气阀。

活门的结构图如图 6-10 所示，它由阀座、阀片、弹簧、升高限制器等零件组成。这种

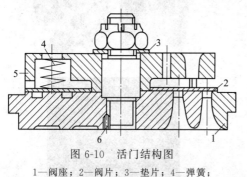

图 6-10　活门结构图

1—阀座；2—阀片；3—垫片；4—弹簧；

5—升高限制器；6—制动螺钉

阀用作排气阀时，当汽缸内压强稍大于出口管内的压强时，借助压差可以将阀片顶起，气体从阀座的孔隙中流出，并从阀片与底座之间的缝隙处通过，这时，阀片开启并贴到升高限制器上；当阀片两侧气体的压强相等时，在弹簧的作用下，阀片可以紧贴在阀座上，将孔隙关闭，完成排气过程。这种阀用作吸气阀时，只要将整个气阀调换一下方向装入吸气孔端即可。

此外，气阀的好坏能够直接影响到往复式压缩机的排气量、功率消耗以及设备运转的可靠性。

为了保证压缩机能够良好的工作，活门必须要求严密、阻力小、开启迅速以及结构紧凑。

（4）曲轴

往复式压缩机曲轴有两类：一种是曲柄轴（开式曲轴），另一种是曲拐轴（闭式曲轴）。曲柄轴大多用于旧式单列或双列卧式压缩机，这种结构现在已很少使用。曲拐轴的结构如图 6-11 所示。现在大多数压缩机都采用这种结构。

曲轴可以做成整体的，也可以做成半组合和组合式的。现在，大多数压缩机均采用整体式曲轴。

图 6-11　往复式压缩机的曲拐轴

近些年来，大多数压缩机的曲轴常常被做成空心结构，这种空心结构的曲轴不但不会影响曲轴的强度，反而能提高曲轴的抗疲劳强度，降低有害的惯性力，减轻其无用的重量。实践证明，空心曲轴比实心曲轴抗疲劳强度能提高 50% 左右。

（5）连杆

连杆如图 6-12 所示，是将作用在活塞上的推力传递给曲轴，又将曲轴的旋转运动转换为活塞的往复运动的机件。

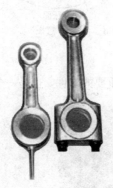

图 6-12　压缩机的连杆

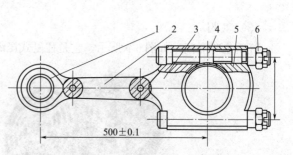

500 ± 0.1

图 6-13　连杆结构示意图

1—小头；2—杆体；3—大头；4—连杆螺栓；

5—大头盖；6—连杆螺母

连杆包括杆体、大头、小头三部分，如图 6-13 所示。杆体截面有圆形、矩形、环形、工字形等。圆形截面的杆体，机械加工最方便，但在同样强度时，具有较大的运动质量，所以比较适用于低速、大型以及小批生产的压缩机。工字形截面的杆体在同样强度时，具有较小的运动质量，但其毛坯必须模锻或铸造，所以适用于高速及大批量生产的压缩机。

2. 往复式压缩机的工作循环

往复式压缩机的工作原理与往复泵较为类似，它们均是依靠活塞在汽缸内做往复运动，从而引起工作容积的扩大和缩小，进而完成吸气和排气的过程。

现以单级单动往复式压缩机为例来说明其工作循环，如图 6-14 所示。

往复式压缩机的实际工作循环，由吸气、压缩、排气、膨胀四个阶段组成，图上的四条线代表了这四个阶段的变化过程。

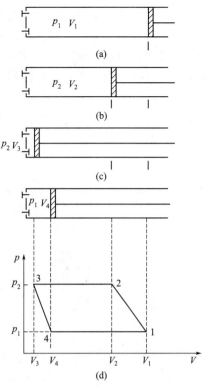

图 6-14 压缩机的实际工作循环

三、往复式压缩机的性能

往复式压缩机的性能参数主要有排气温度、排气量以及压缩机的功率和效率等，见表 6-1。

表 6-1 压缩机的主要性能参数

性能参数	单位	定义	备注
吸气、排气压力 p	MPa	第一级吸入管道处以及末级排出接管处的气体的压力	吸、排气压力是可以改变的。一般在压缩机铭牌上的吸、排气压力指的是额定值，实际上只要机器强度、排气温度、电机功率和气阀工作许可，它们是可以在很大的范围内变化的
排气温度 T_2	K	经过压缩末级后的气体温度	气体被压缩后，由于压缩机对气体做了功，所以会产生大量的热量，从而使气体的温度升高，所以排气温度总是要大于吸气温度。压缩机的排气温度不能过高，否则会使润滑油分解以致碳化，并损坏压缩机部件
排气量 Q_v	m³/s	又称为压缩机的生产能力，理论上的排气量 Q_{vT} 等于活塞扫过的汽缸容积	实际上，由于汽缸余隙内高压气体的膨胀，会占据一部分汽缸的容积，同时，填料函、活门等处可能发生的泄漏以及阀门阻力等原因，其实际排气量总是比理论排气量要小一些
功率和效率	W(kW)	压缩机在单位时间所消耗的功称为功率。指示功率与总功率的比值即为压缩机的效率，用 η 表示	压缩机铭牌上标注的功率，一般为压缩机的最大功率。气体被压缩时，压缩比愈大，功率消耗也愈大；反之，则功率愈小 一般情况下，往复式压缩机的效率一般在 0.7～0.9 左右

四、多级压缩

在化工生产中，常常需要将一些气体从常压提高到几兆帕甚至是几百兆帕，这时压缩比就会很大，而在前面我们的学习中了解到，在一个汽缸内压缩比是不能过大的，因此，当压缩比大于 8 时，需要采用多级压缩的方式来进行。

所谓多级压缩，是指将气体的压缩过程分在若干级中进行，并在每级压缩后将气体导入中间冷却器进行冷却，如图 6-15 所示，该图所示的为两级压缩。气体先经过第 1 级汽缸 1 内压缩后，经过中间冷却器 2 和油水分离器 3，使气体降温并分离出润滑油和冷凝水，避免将杂质带入下一级的汽缸中，然后再送入第 2 级汽缸 4 进行二级压缩，以达到所需要的最终压强。每经过一次的压缩过程称为一级，连续压缩的次数就是压缩机的级数。每一级压缩比是总压缩比的级根数。

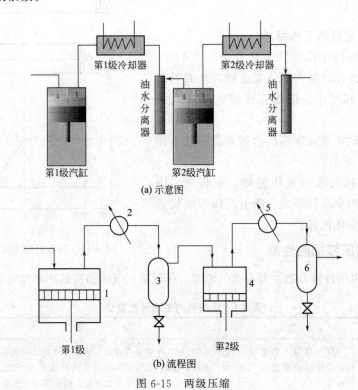

图 6-15 两级压缩

1—第 1 级汽缸；2，5—中间冷却器；3，6—油水分离器；4—第 2 级汽缸

你能说一下为什么要采取多级压缩吗？
主要从压力、温度、设备材料方面来考虑采用多级压缩。

五、往复式压缩机的分类及型号

往复式压缩机的形式很多，根据不同的分类方法，一般可以将其分为以下几类。

1. 按照排气量的大小分类

往复式压缩机分为微型压缩机、小型压缩机、中型压缩机和大型压缩机。具体分类依据见表 6-2。

表 6-2 往复式压缩机分类表

类型	微型压缩机	小型压缩机	中型压缩机	大型压缩机
排气量/(m³/min)	<1	1～10	10～60	>60

2. 按汽缸的排列分类

按照压缩机汽缸的排列方式不同，可将往复式压缩机分为立式、卧式、角度式、对称平衡型和对置式等。

（1）立式和卧式往复式压缩机

立式往复压缩机如图 6-16(a) 所示，代号为 Z，这种类型的压缩机，汽缸中心线与地面相互垂直，活塞做上下运动，所以对汽缸的作用力较小、磨损小、振动小，整机占地面积也小，但是机身较高，操作、检修不便，仅适合于中、小型压缩机。

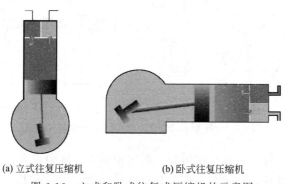

(a) 立式往复压缩机　　(b) 卧式往复压缩机

图 6-16　立式和卧式往复式压缩机的示意图

卧式往复压缩机如图 6-16(b) 所示，其代号为 P，由于汽缸中心线是水平的，故机身较长，占地面积大，但操作、检修方便，适用于大型压缩机。

（2）角式往复压缩机

角式往复压缩机，其代号根据汽缸位置形式可分为 L 形、V 形、W 形等。如图 6-17 所示。它的主要优点是活塞往复运动的惯性力有可能被转轴上的平衡重量所平衡，基础比立式还小。因汽缸是倾斜的，所以维修不方便，也仅适用于中、小型压缩机。

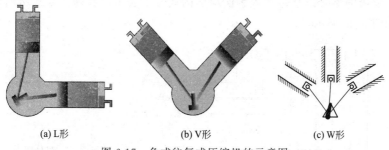

(a) L形　　　　　　　(b) V形　　　　　　　(c) W形

图 6-17　角式往复式压缩机的示意图

（3）对置式与对动式往复压缩机

对置式往复压缩机如图 6-18(a) 所示，通过一根连杆带动公用框架十字头（滑块），使两端活塞通向来回运动，这种结构仅需要一个曲拐，所以结构紧凑，但不能抵消活塞力，主

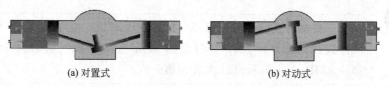

(a) 对置式　　　　　　　　　(b) 对动式

图 6-18　对置式与对动式往复压缩机的示意图

要用于活塞力较小的小型压缩机。

对动式往复压缩机如图6-18(b)所示，通过180°分布的两个曲拐，分别带动相向分布的活塞连杆机构，两侧活塞力可以部分甚至全部抵消，这样就有利于压缩机运转的平稳，对动式往复压缩机结构稍复杂，主要用于活塞力较大的机器。

对动式往复压缩机又可分为H形和M形两种类型，如图6-19所示。

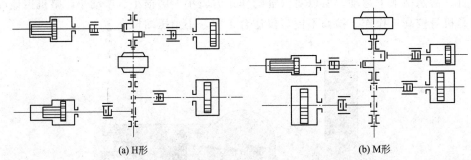

(a) H形   (b) M形

图6-19   H形和M形对动式往复压缩机示意图

H形机子电机在中间，两机身在两侧，需三轴对中。间距较大，汽缸容易分布。

M形机子就一个机身，电机在一侧，只要两轴对中就行。但机身大小受汽缸大小制约，结构紧凑。

目前，国内往复式压缩机通用结构代号的含义如表6-3所示。

表6-3   往复式压缩机结构代号

类型	立式	卧式	角度式	星型	对称平衡型	对置式
代号	Z	P	L、S	T、V、W、X	H、M、D	DZ

3. 往复式压缩机的型号

往复式压缩机的型号以字母加数字所组成的代号来表示，我国往复式压缩机的编号有统一的规定，如图6-20所示。

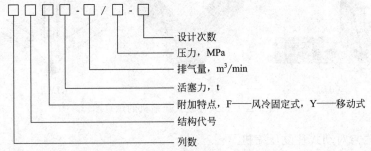

图6-20   往复式压缩机编号格式规定

举例：

    一台型号为4HF18-32/54-Ⅰ型的压缩机，它的含义是4列；H型；风冷式；活塞力为18t；排气量为32m³/min；排气压力为54×0.1MPa，即5.4MPa；Ⅰ表示设计次数为第一次。

六、往复式压缩机的气量调节

往复式压缩机的气量调节见表 6-4。

表 6-4　往复式压缩机的气量调节

方法	原理	特点	用途
节流进气调节	进气管路上安装节流阀,节流阀关小,进气就受到节流,压力降低,从而使排气量减少	结构简单,但经济性差	无需频繁调节的中、大型压缩机中
余隙容积调节法	通过改变压缩机汽缸中的有效余隙容积,可以改变压缩腔室中吸入的气体量	初始投资较大,而且当布置在汽缸的曲轴侧时,存在着空间分布的困难	无需频繁调节的压缩机中
旁路回流调节	在进气管和排气管路之间用回流支路和旁通阀相连接,调节时只要部分或全部打开旁通阀,就可以使排出的气体回到进气管中,使排气量减少	可连续调节,排气量减少而功率消耗不减,所以经济性较差	最常用
部分打开吸气阀调节法	在进气阀上安装一个带执行机构的卸荷器,在排气行程的一部分时间,卸荷器可以使进气阀处于打开状态	当最大回流时,如果气流冲击力不足以克服卸荷力,此时气阀将始终处于开启状态,即达到完全卸荷的状态	排气量的调节范围可以达到将近60%(即从100%满负荷到40%满负荷)

任务三
认识离心式压缩机

一、离心式压缩机的应用

由于化学工业的发展,各种大型化工厂、炼油厂的建立,离心式压缩机就成为压缩和输送化工生产中各种气体的关键机器,而占有极其重要的地位。

二、离心式压缩机的结构

1. 离心式压缩机的结构

(1)离心式压缩机的主要结构

离心式压缩机如图 6-21 所示,又称为透平式压缩机,它的结构与多级离心泵相类似,离心压缩机的主体结构由两部分组成,即转动部分和固定部分。转动部分包括主轴、叶轮、平衡盘等部件,又称为转子;固定部分包括汽缸、扩压器、弯道和回流器等部件,又称为定子。每个叶轮和与之相应配合的固定元件称为一级。离心式压缩机结构见图 6-22。

(2)各部件作用

离心式压缩机各部件作用见表 6-5。

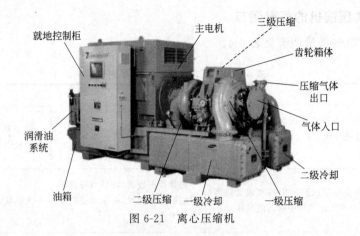

图 6-21　离心压缩机

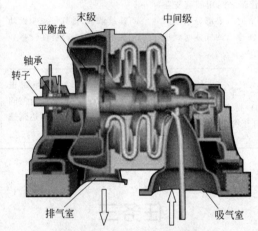

图 6-22　离心式压缩机结构

表 6-5　离心式压缩机各部件作用

名称	作　　用
主轴	承受转子的重量和叶轮的径向力
叶轮	将机械能传给气体,以提高气体的压力和速度的做功部件
平衡盘	由于运行时叶轮出口的气体压力高于进口,存在着一个压差,因而在叶轮上就附加有很大的轴向推力。在安装叶轮时,可用反方向安装的方法来平衡掉大部分的轴向推力
汽缸	把扩压器后面的气体汇集起来并引出压缩机,使其流向气体输送管道和设备
扩压器	用于把速度能转化为压力能,以进一步提高气体的压力
弯道和回流器	改变气流的方向,把气体引入下一级压缩
吸气室	用于把所需压缩的气体,由进气管道或冷却器的出口均匀地引入叶轮去压缩
密封装置	为了减少压缩机由轴端向外部漏气,在压缩机的机壳的两端设置了前后密封。为了阻止高压气体向低压区流动,在隔板内孔还设置了级间密封,在叶轮进口也设置了端盖密封

2. 离心式压缩机的工作原理

离心式压缩机的工作原理也与多级离心泵相类似,气体在如图 6-23 所示的叶轮带动下做旋转运动从而产生离心力,在离心力的作用下,气体的压强增高,经过一级一级的增压作用,最后可以得到相当高的排气压强。

三、认识喘振现象

离心式压缩机通常都标有最小流量 q_{Vmin} 和最大流量 q_{Vmax}，它是流量（q_V）的实际操作范围，在此范围内离心式压缩机的效率 η 较高，运行也最经济。

图 6-23　离心压缩机的叶轮

1. 喘振现象的概念

当实际流量减少到 q_{Vmin} 以下时，离心式压缩机会出现不稳定的工作状态，发生喘振现象。所谓喘振现象，是指压缩机供气量小于 q_{Vmin} 时，压缩机出口压力突然降低，这时排出管路中的高压气体发生倒流，重新回到了压缩机内。倒流的气体补充了压缩机内的流量不足，叶轮又恢复了正常工作，重新将倒流回来的气体压送出去，这样又使流量减小，压力突然降低，气体又一次发生倒流现象。如此循环，在压缩机出口和管网之间由于压力发生了周期性的变化，从而使系统中发生周期性的气流振荡现象，这种现象称为喘振现象。

2. 喘振现象的特点

喘振时，气流发生脉动，噪声较大，时高时低，出现周期性的变化；压缩机压力突然降低，变动幅度较大，变得十分不稳定。压缩机由于喘振现象而产生强烈的振动，严重时会引起整个机器的振动，甚至破坏整个装置。所以在实际操作时，必须将流量控制在最小流量 q_{Vmin} 以上，以防止喘振现象的发生。

3. 防止喘振的措施

因为喘振现象会带来严重的后果，对设备造成一定的损害，所以离心式压缩机在操作中是严禁发生喘振现象的。但是，生产中有时需要减少供气量，当供气量减小到最小流量 q_{Vmin} 以下的不稳定工作区时，势必会导致喘振现象的发生。

为了防止喘振现象的发生，通常压缩机出口管路中都要安装有防止喘振的装置。如图 6-24 所示，在出口管路中加装放空阀或部分放空并回流就是其中的两种防止喘振的措施。

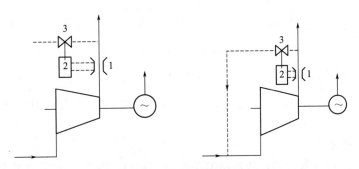

图 6-24　防止喘振的措施
1—流量传感器；2—伺服电动机；3—防喘振阀

当压缩机的排气量降低到接近喘振点的流量时，通过文氏管流量传感器 1 发出信号，传递给伺服电动机 2，使电动机开始动作，打开防喘振阀 3，使一部分气体放空或回流至吸气管内，从而使通过压缩机的气量总是大于管网中的气量，这样就保证了系统总是处在正常的工作状态之下。

四、了解离心式压缩机的流量调节

在实际工作中，离心式压缩机常常会遇到流量的变化要求。为了保证系统对压力或流量的要求，就需要对压缩机进行流量的调节。离心式压缩机常用的气量调节方法有调整进口或出口阀门的开启程度、改变压缩机转速等。表6-6为流量调节方法。

表6-6　流量调节方法

方法	原理	特点	用途
改变转速调节法	压缩机的转速不同,对应的离心压缩机的特性曲线就不同	通过改变转速的方法来调节流量是最经济的	用于驱动机为汽轮机和燃气机的离心压缩机
出口节流调节法	调节出口阀的开启程度	出口节流调节法操作简单,但由于气体节流带来的损失太大,会使得整个机器的效率大大降低,在三种方法中最不经济,并且喘振临界点仍为原喘振点	在压缩机上一般不用它作为正常的流量调节方法来使用
进口节流调节法	调节进口阀的开启程度	操作简单,较为经济,可使压缩机的特性曲线向小流量的方向移动,从而使喘振流量也向小流量的方向移动,这样就扩大了压缩机的稳定工作范围	该方法常用于转速固定的离心压缩机的流量调节

五、离心式压缩机的原动机

离心式压缩机的原动机主要有电动机、蒸汽轮机和燃气轮机三种。表6-7为离心式压缩机原动机特点。

表6-7　离心式压缩机原动机特点

方法	特　点
电动机	具有结构简单、维修工作量小和操作方便等优点。但是电动机的转速较低,不能直接满足压缩机高转速的要求,若输送的气体易燃或者易爆,电动机还必须增设防爆措施或选用防爆电动机
蒸汽轮机	蒸汽轮机的转速相对较高,可以直接满足压缩机高转速的工作要求,而且一般的化工企业都有稳定的供汽系统来提供蒸汽来源,并且在输送易燃易爆气体时,本身不需要防爆设施。但蒸汽轮机的辅助设备较多,结构较为复杂,维修工作量和技术难度较大,启动操作相对较难
燃气轮机	不需要复杂的辅助设备,占地面积少并且用电和用水量较少,可以在野外使用。但其价格高昂,制造和维修要求技术较高

六、离心式压缩机开停车

离心式压缩机一般常用汽轮机驱动，下面以这种机组压缩空气为例，介绍离心压缩机的操作。

1. 开车前准备工作

① 对照图样，检查和验收系统内所有的设备、管道、阀门、电气、仪表等，必须正常、完好；

② 对设备及管道用空气进行吹净；

③ 向油系统分别加入足量润滑油和密封油，启动油泵，把油压调到规定的压力；

④ 启动汽轮机的冷凝系统；

⑤ 向蒸汽管道通入蒸汽进行暖管，防止开车时管道内的冷凝水进入汽缸；

⑥ 全部仪表、联锁投入使用，中间冷却器通入冷凝水；

⑦ 系统内所有阀门开、关位置应符合开车要求。

2. 压缩机的启动

压缩机组从冷态进入工作状态称为启动，启动时应严格按操作规程进行。

① 微开蒸汽入口阀，启动汽轮机，待汽轮机运转正常后，立即停机，检查压缩机和汽轮机有无异常现象，如果设备正常，则打开入口蒸汽阀，进行低速暖机，使各部件受热均匀，以免产生应力，损坏汽轮机；

② 暖机结束后，迅速提高转速并提高压力，升压时要迅速通过临界区；

③ 启动时必须严格遵循升压先升速的原则，先将防喘振阀全开，当转速升到一定值后，再慢慢关小防喘振阀，使出口压力上升到一定值之后，再进行升速。

3. 停车

停车时要求逐渐降低转速并减小输气量，严格遵循降压先降速的原则，先将防喘振阀打开一些，使出口压力降到某一值之后，再减少汽轮机入口蒸汽量进行降速，使降压、降速交替进行。主机停车后停冷却水。停车后汽缸和转子温度较高，为防止转子弯曲，需要进行盘车，直到温度降至50℃左右为止。

任务四
识别压缩机的常见故障、掌握故障处理及设备维护方法

某企业压缩机岗位操作工，正在进行设备巡查，忽然发现工作中的压缩机出现了异常现象。有一台设备出现管道异常震动，还有一台设备出现了汽缸发热。这些故障如何处理呢？

一、压缩机的常见故障现象、原因及处理方法

表6-8为压缩机故障判断及处理方法（活塞式）。

表6-8 压缩机故障判断及处理方法（活塞式）

故障现象	故障原因	处理方法
排气量达不到设计要求	1. 气阀泄漏,特别是低压级气阀泄漏 2. 活塞杆与填料函处泄漏 3. 汽缸余隙过大,特别是一级汽缸余隙大 4. 一级进口阀未开足 5. 活塞环漏气严重	1. 检查低压级气阀,并采取相应措施 2. 先拧紧填料函盖螺栓,仍泄漏时则修理或更换 3. 调节汽缸余隙容积 4. 开足一级进口阀门,注意压力表读数 5. 检查活塞环
汽缸发热	1. 润滑油质量低劣或供应中断 2. 冷却水供应不充分 3. 曲轴连杆机构偏斜,使活塞摩擦不正常 4. 汽缸与活塞的装配间隙过小 5. 缸内有杂物或表面粗糙度过大 6. 气阀或活塞环窜气	1. 选择适当的润滑油,注意润滑油供应情况 2. 适当地供应冷却水 3. 调整曲轴-连杆机构的同心度 4. 调整装配间隙 5. 解体清理或修磨 6. 处理气阀或更换活塞环

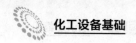

续表

故障现象	故障原因	处理方法
汽缸内发生异常声音	1. 汽缸余隙太小 2. 油太多或气体含水分多,造成水击 3. 异物掉入汽缸内 4. 缸套松动或断裂 5. 活塞杆螺母松动,或活塞杆弯曲 6. 支撑不良 7. 曲轴-连杆机构与汽缸的中心线不一致	1. 适当加大余隙容积 2. 适当减少润滑油,提高油水分离效率 3. 清除异物 4. 消除松动或更换 5. 紧固螺母,或校正、更换活塞杆 6. 调节支撑 7. 检查并调整同心度
管道发生不正常的振动	1. 管卡太松或断裂 2. 支撑刚性不够 3. 气流脉动引起管路共振 4. 配管架子振动大	1. 紧固或更换管卡,应考虑管子热胀间隙 2. 加固支撑 3. 用预流孔改变其共振面 4. 加固配管架子
活塞环偏磨	1. 活塞与汽缸不在一个中心位置 2. 汽缸的圆度偏差过大 3. 活塞环的侧面间隙过小 4. 活塞环本身材质不好,向外胀力不均匀,造成严重磨损 5. 汽缸内壁局部粗糙	1. 调整汽缸 2. 修理汽缸圆度偏差 3. 修理活塞环槽,使活塞环活动自如 4. 更换合适材质的活塞环 5. 修磨汽缸内壁达到要求
排气温度高	1. 进气阀漏失 2. 排气阀或活塞环漏失 3. 进气温度高 4. 汽缸水套堵水 5. 汽缸润滑油不合格或流量不足	1. 修理或更换漏失的进气阀或活塞环 2. 修理或更换排气阀或活塞环 3. 清洗空冷器 4. 清洗汽缸水套 5. 使用合格的润滑油和正确的流量

二、压缩机的维护与保养

1. 维护保养的原则和要求

① 为保证压缩机经常处于良好的技术状态,随时可以投入运行,减少故障停机时间,提高压缩机完好率、利用率,减少机械磨损,延长压缩机的使用寿命,降低压缩机运行和维修成本,必须强化对压缩机的维护保养工作。

② 压缩机的维护保养必须贯彻"养修并重,预防为主"的原则,做到定期保养、强制进行,正确处理使用、保养和修理的关系,不允许只用不养,只修不养。

③ 必须按压缩机保养规程、保养类别做好各类机械的保养工作,不得无故拖延,特殊情况需经分管设备人员批准后方可延期保养,但一般不得超过规定保养间隔期的一半。

④ 压缩机保养要保证质量,按规定项目和要求逐项进行,不得漏保或不保。保养项目、保养质量和保养中发现的问题应做好记录,并上报。

⑤ 遵守压缩机安全操作规程,不超负荷使用设备,设备的安全防护装置齐全可靠,及时消除不安全因素。

⑥ 保养人员和保养部门应不断总结保养经验,提高保养质量。

2. 压缩机维护要点及时间间隔

（1）每天检查内容

① 检查机身及注油器内润滑油面位置是否正常;

② 检查注油器动作灵敏性及注油量；

③ 做好压缩机表面清洁工作；

④ 检查压缩机漏油、漏水、漏气情况，并采取相应措施排除；

⑤ 检查各仪表数值是否正常；

⑥ 检查各阀门开启状态是否正确；

⑦ 检查主机及电机的底脚是否牢固；

⑧ 观察机器振动是否正常，否则必须停机检查排除。

（2）每周检查内容

① 按每天检查内容进行检查；

② 检查各主要螺栓及地脚螺栓连接的紧固性。

（3）每月检查内容

① 按每周检查内容进行检查；

② 检查各自控制仪表工作是否正常；

③ 检查各附属设备安装的紧固性。

（4）每季度检查内容

① 按每月检查内容进行检查；

② 检查各种阀门的密封情况。

（5）每半年检查内容

按每季度检查内容进行检查。

（6）每年检查内容

① 按每半年检查内容进行检查；

② 对各仪表及控制装置按规定进行校验；

③ 检查并校验各级安全阀；

④ 检查各橡胶密封件的密封状况；

⑤ 检查基础沉陷，受损情况。

 素质拓展

压缩机在维修、保养方面应优化维修方案和每次压缩机注油量，培养操作人员良好的维修、保养习惯，增加压缩机的稳定运行时间，为双碳目标的实现做好工作。

 项目小结

1. 往复式压缩机

往复运动压缩气体。

2. 往复式压缩机的结构

汽缸、活塞、活门。

3. 往复式压缩机的工作原理

活塞往复运动。

4. 离心式压缩机的工作原理

叶轮转动输送压缩气体。

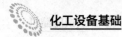
5.离心式压缩机的结构

定子、转子。

6.离心式压缩机不正常现象

喘振。

思考与练习

1.填写下表

名称	作用	结构
汽缸		
活塞		
活门		
曲柄		
连杆		

2.何为多级压缩？什么情况下采取多级压缩？

3.往复式压缩机有哪些分类方法，各自分为哪些形式？

4.往复式压缩机一般采用哪些方法调节气量？怎样操作？

了解其他类型化工设备

学习目标

① 熟悉常见化工设备的基本结构、分类；
② 掌握法兰连接的密封原理、法兰分类方法和常见密封面形式；
③ 掌握容器常见附件如接管、人孔、手孔、视镜、安全阀等的结构；
④ 熟悉开孔补强的目的和采用的补强方式；
⑤ 熟悉容器支座的分类及其结构和适用场合；
⑥ 了解其他类型设备（干燥、蒸发、结晶、离心、破碎）的工作原理、结构及应用场合。

任务一
掌握容器基础知识

化工企业除了密密麻麻的管道，就是大大小小的圆柱形物体了，这些圆柱形物体，大都是化工设备，如图7-1所示。虽然它们服务的对象、操作条件、内部结构不同，但它们都有一外壳，这一外壳称为容器。

图 7-1 化工厂常见设备

化工容器与其他行业的容器相比较有其自身的特点，化工容器经常在高温高压下工作，它里面的介质易燃、易爆、有毒、有害且具有腐蚀性。

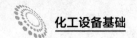

 素质拓展

石油是现代工业的"血液",不仅是不可再生能源,而且是一国生存和发展不可或缺的战略资源。在提升石油利用率方面,中国研发出一款全球最大,重量达到2400t,领先欧美的大型石油化工加工设备"渣油锻焊加氢反应器",这种设备可以将渣油的转化率,从现有装置的40%,提高到85%,可以生产出更多燃料油,避免浪费。它的问世标志着中国在超大吨位石油装备工程的设计、生产和吊装技术领跑世界,在降低延迟焦化负荷,提升轻质油产能的同时,也让中国石油炼化工艺跻身全球领先水平。

一、化工容器

1. 容器的结构

容器最基本的结构是一个密闭的壳体,化工厂中常用的中低压容器大多是圆筒形容器,它是由筒体、封头、密封装置、开孔和接管、支座和附件等组成,如图7-2所示。

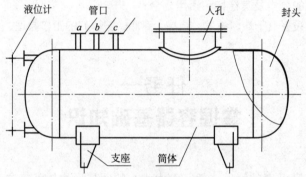

图 7-2　容器的结构简图

（1）筒体

化工设备中圆筒形容器应用最为广泛,无论是立式或卧式。其主体一般是由圆筒体和两个封头组成的。筒体有用卷板机将钢板卷成筒状,然后焊接而成和取自大口径无缝钢管两种,如图7-3所示。

图 7-3　卷板机和筒体

（2）封头

常见的封头形式有椭圆形、碟形、球形、锥形和平板形等,如图7-4所示。

封头的选择:

① 封头形式选择主要根据设计对象的要求,结合各种封头的几何、力学以及制造方面的因素加以综合考虑;

② 一般压力容器封头(中、低压),在条件许可时,应采用受力状态好与制造难度不大的椭圆形封头;

③ 当制造条件较差时可用碟形或无折边球形封头,但壁厚应适当加大或采用加固措施;

④ 锥形封头(底)一般用于收集固体颗粒或使流体分布均匀的场合,此外,也常用于

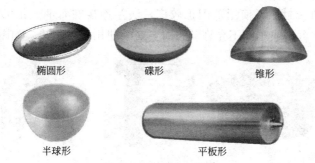

图 7-4　常见封头形式

两直径不等设备的联结过渡段（变径段）；

⑤ 平板形封头一般用作常压容器的盖或底。直径较大时应加固。当制造条件较差时，也可考虑用作小型低压设备的封头。压力容器上的孔盖、法兰盖等也属平板封头。

2. 化工容器的分类

（1）按照压力容器在生产过程中的作用分类

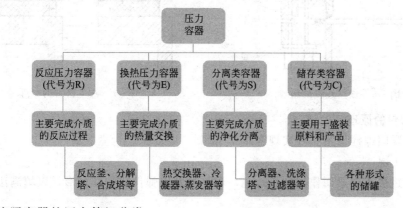

（2）按照容器的压力等级分类

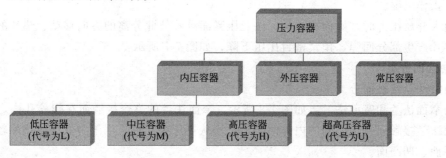

压力容器需要满足哪些力学性能呢？

强度、刚度、硬度、冲击韧性和稳定性等。

材料的耐腐蚀性能如何界定呢？

材料按照腐蚀速率分为耐腐蚀性材料、尚耐腐蚀性材料和不耐腐蚀性材料。

二、法兰连接

法兰连接就是把两个管道、管件或器材，先各自固定在一个法兰盘上，两个法兰盘之间，加上法兰垫，用螺栓紧固在一起，完成的连接。法兰连接是可拆连接的一种。由于法兰连接有较好的强度和密封性，使用范围也较广，法兰连接在石油、化工管路中应用极为广泛，特别是需要经常拆卸或车间不允许动火时，必须使用法兰连接，如图 7-5 所示。

图 7-5　常见法兰连接

法兰连接一般由被连接件（一对法兰）、连接件（若干螺栓、螺母）、密封元件（垫片）组成，如图 7-6 所示。

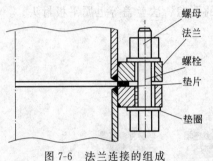

图 7-6　法兰连接的组成

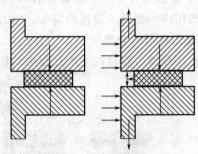

图 7-7　法兰密封的原理

1. 法兰密封的原理

法兰通过紧固螺栓压紧垫片实现密封。

（1）预紧工况

螺栓力通过法兰压紧面作用到垫片上，使垫片发生弹性或塑性变形，以填满法兰压紧面上的不平间隙。

（2）操作工况

当通入介质压力时，螺栓被拉长，法兰压紧面沿着彼此分离的方向移动、垫片的压缩量减小，垫片产生部分回弹，预紧密封比压下降，如图 7-7 所示。

2. 法兰的分类

（1）按法兰接触面分

分为窄面法兰和宽面法兰，如图 7-8 所示。窄面法兰的整个接触面在螺栓孔内，如榫槽面；宽面法兰接触面在中心圆的内外两侧，螺栓从垫片中穿过，用于中低压或垫片较软的场合，如平面、凹凸面。

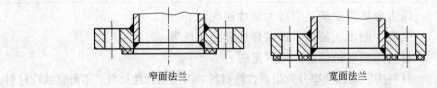

窄面法兰　　　　　　宽面法兰

图 7-8　窄面法兰和宽面法兰

（2）按法兰和设备或管道的连接方式分

分为整体法兰、松套法兰、螺纹法兰三种。

整体法兰如图 7-9 所示，将法兰与壳体锻或铸成一体或全焊透，典型的整体法兰有一个锥形的颈脖，称高颈法兰或长颈法兰。

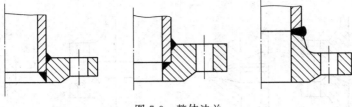

图 7-9　整体法兰

松套法兰如图 7-10 所示，法兰不直接固定在壳体上，或虽然固定而不能保证法兰与壳体作为一个整体承受螺栓载荷。

套在翻边上　　　　套在焊环上　　　　带环的结构

图 7-10　松套法兰

螺纹法兰和管壁通过螺纹进行连接，法兰对管壁产生的附加应力较小，常用于高压管道。

3. 法兰密封面的形式

（1）平面型密封面

压紧面的表面为平面或带沟槽的平面。它的优点是结构简单，加工方便。缺点是接触面积大，需要的预紧比压大，螺栓承载大，适用于压力不高、介质无毒的场合，如图 7-11 所示。

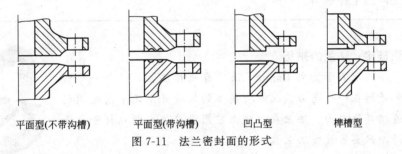

平面型(不带沟槽)　　平面型(带沟槽)　　凹凸型　　榫槽型

图 7-11　法兰密封面的形式

（2）凹凸密封面

由一个凹面和一个凸面配合组成。垫片放凹面中。它的优点是便于对中，能防止垫片挤出。适用于压力稍高的场合，如图 7-11 所示。

（3）榫槽密封面

由一榫一槽密封面组成，优点是对中性好，密封预紧压力小，垫片不易挤出，也不受介质冲刷。缺点是更换较困难，榫易损坏。适用于易燃、易爆、有毒介质及压力较高的场合，如图 7-11 所示。

（4）锥形密封面

通常用于高压密封。缺点是需要的尺寸精度和表面粗糙度要求高，必须与透镜垫片配合。常用于高压管路，如图 7-12 所示。

（5）梯形槽密封面

槽底不起密封作用，是槽的内外锥面与垫片接触而形成密封的，与椭圆或八角形截面的金属垫圈配合，如图 7-13 所示。

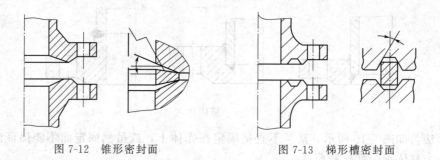

图 7-12　锥形密封面　　　　　　　图 7-13　梯形槽密封面

4. 法兰标准

我国现行法兰标准有两种，一个是压力容器法兰标准（JB 4700～4707—2000），另一个是管法兰标准（GB/T 9112—2000）。

法兰连接的基本参数是公称直径和公称压力。

法兰的公称直径是与之相配的筒体、封头或管道的公称直径。对压力容器法兰，公称直径就是与其相配的筒体或封头的公称直径，也就是筒体或封头的内径。对管法兰，公称直径指的是与其相连接的管子的公称直径。

法兰的公称压力指法兰的承载能力。我国在制定压力容器标准时，将法兰材料 16MnR 在工作温度 200℃时的最大允许工作压力值规定为公称压力。管法兰公称压力的规定与压力容器法兰不同。当公称压力≤4.0MPa 时，是指 20 钢制造的法兰在 100℃时所允许的最高无冲击工作压力，当公称压力≥6.3MPa 时，公称压力是指 16Mn 钢制造的法兰在 100℃时所允许的最高无冲击工作压力。

知识链接：法兰的来历

其名字是来源于英文 flange，法兰盘简称法兰，只是一个统称，通常是指在一个类似盘状的金属体的周边开上几个固定用的孔用于连接其他东西。法兰在机械上应用很广泛，所以样子也千奇百怪的，只要像就叫法兰盘。

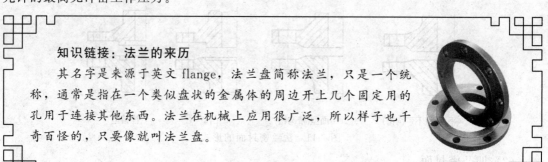

三、附件及开口补强

化工容器上常装有为操作和检修用的各种附件，如接管、视镜、人孔、手孔等，这就需要在容器上开孔，容器开孔后应考虑补强。

1. 附件

（1）接口管和凸缘

容器上的接口管和凸缘，可用来连接设备与输送介质的管道，也可以用来装置测量、控制仪表。

① 接口管　接口管的长度应考虑设置保温层以及便于安装螺栓，常用接管长度见表 7-1。对铸铁及铸钢管等设备的接管可与设备一起铸出。连接温度计、压力表和液面计的螺

纹接管根据需要制成内、外螺纹，如图 7-14 所示。

表 7-1 接管长度

公称直径 DN /mm	不保温接管长 /mm	保温设备接管长 /mm	公称直径 DN /mm	不保温接管长 /mm	保温设备接管长 /mm
≤15	80	130	70～350	150	200
20～50	100	150	70～500		

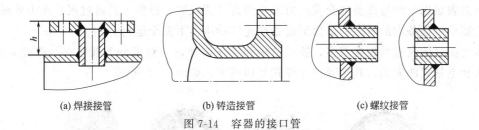

(a) 焊接接管　　　　　(b) 铸造接管　　　　　(c) 螺纹接管
图 7-14　容器的接口管

② 凸缘　当接口管长度必须很短时，可用凸缘（又叫突出接口）代替接管，凸缘体本身具有补强作用，不需要另行补强。但螺栓折断在螺栓孔后，取出较困难。

凸缘与法兰配用，因此它的尺寸应根据所选用的管法兰确定。

（2）人孔、手孔

在化工设备中，为了内部附件的安装、修理、防腐蚀以及对设备内部进行检查、清洗，往往需开设人孔或手孔。

① 手孔　手孔最简单的结构是在设备上接一短管，并在其上安装一盲板。手孔的直径，应使工人戴手套并握有工具的手能顺利通过，手孔直径不宜小于 ϕ150mm，一般为150～250mm。

② 人孔　当设备直径在 ϕ900mm 以上时，应开设人孔。人孔按形状分为圆形人孔和椭圆形人孔，一般常用 ϕ450、ϕ500 的人孔，椭圆形人孔的最小尺寸为 400mm×300mm。椭圆形人孔的短轴应与筒体的轴线平行，人孔如图 7-15 所示。

图 7-15　人孔

图 7-16　视镜

（3）视镜

视镜是用来观察设备内部物料化学和物理过程情况的一种装置，由于视镜可能与物料直接接触，要求视镜能承压、耐高温、耐腐蚀。按结构可分为凸像视镜、带颈视镜、组合视镜、带灯视镜等。凸像视镜结构简单，不易结料，直接焊在设备上；带颈视镜是在视镜的接缘下方焊一段与视镜相匹配的钢管，钢管与设备焊接；组合视镜由设备接管的法兰与视镜相接，避免与设备直接焊；带灯视镜将照明灯与视镜合二为一，可减少开孔数，适用于设备开孔较多的情况，视镜如图7-16所示。

（4）安全阀

安全阀是一种自动阀门，它不借助任何外力而利用介质本身的力来排出额定数量的流体，以防止压力超过额定的安全值。当压力恢复正常后，阀门再行关闭并阻止介质继续流出。

（5）压力表

压力表是用来测量设备内介质压力大小的直读式仪表，操作人员通过观察压力表的指示值来控制承压设备内的压力，以保证设备在允许的压力下安全运行。

压力测量的仪表的种类很多，按照结构和工作原理，一般可分为液柱式、弹性元件式、活塞式和电量式四大类，其中弹性元件式使用最多，如图7-17所示。

图7-17　压力表

（6）液位计

液位计的作用是显示设备内介质液面的位置高低。在设备运行中，操作人员通过观察液位的高低，就知道设备内介质的多少是否在允许的范围内，保证设备的安全运行。

玻璃管液位计主要由气相阀（气旋塞）、液相阀（水旋塞）、玻璃管、放液阀门组成。是按照连通器的原理而工作。玻璃管液位计结构简单、制造安装容易、拆装方便，在工作压力不超过1.3MPa的小型设备上广泛使用，如图7-18所示。

2. 开孔补强

容器开孔后在孔边附近的局部地区，应力会达到很大的数值，这种局部的应力增长现象，叫做应力集中。在应力集中区域的最大应力值，称为应力峰值。附加的弯曲应力导致开孔处的峰值应力可以达到器壁中平均应力的3倍，有时甚至达到5～6倍，加上其他载荷作用，开孔接管结构在制造过程中又不可避免产生缺陷和残余应力，使开孔和接管的根部成为压力容器发生疲劳和脆性裂口的薄弱部位，因此需要采取一定的补强措施。

（1）开孔补强的形式

① 局部补强　在开孔处一定范围内增加筒壁厚度，降低开孔处的峰值应力，达到局部增强的目的。是一种较经济合理的补强方式。

② 整体补强　用增加整个筒壁或封头的厚度的方法来降低开孔处的应力。这种补强方式一般不用，只有当筒体或封头上开设排孔或开

图7-18　双色液位计

孔较多时才用。

（2）开孔补强的结构

常用的局部补强结构有补强圈补强、接管补强和整锻件补强。

是否所有的开孔都需要补强，为什么？

不是所有的开孔都需要补强。因为设备在设计时考虑焊缝系数使壁厚增加，而开孔又不在焊缝处；考虑钢板具有一定规格使实际选用钢板厚度比容器计算厚度大，等于将壁厚整体加强了；另外开孔处焊上的接管也有加强作用。

四、容器支座

支座是承受容器和固定容器不可缺少的部件，在某些场合下还要承受操作时的振动、地震载荷，户外的还要承受风载荷。支座有立式设备支座和卧式设备支座两大类，分别按设备的结构形状、安装位置、材料和载荷情况的不同而有多种形式。

1. 卧式容器支座

卧式容器支座分为三种，鞍座、圈座和腿式支座。其中以鞍式支座应用最广。

（1）鞍式支座

鞍式支座是化工设备用支座的一种，广泛用于卧式容器。其结构如图 7-19 所示，由一块鞍形板、两块肋板、一块底板及一块竖板组成。肋板焊于鞍形板和底板之间，竖板被焊接在它们的一侧，底板搁在地基上，并用地脚螺栓加以固定。

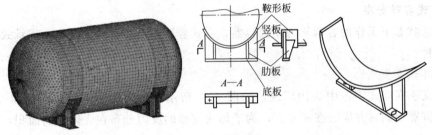

图 7-19　鞍式支座

（2）圈座

使用圈座的情况一种是大直径薄壁容器和真空操作的容器，另一种是多于两个支承的长容器，如图 7-20 所示。

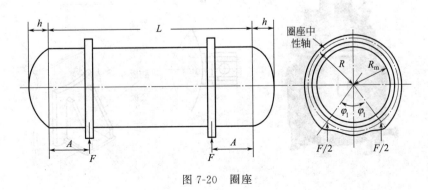

图 7-20　圈座

（3）腿式支座

简称支腿，因为这种支座在与壳壁连接处会造成严重的局部应力，只适用于小型设备（$DN \leqslant 1600mm$、$L \leqslant 5m$），如图 7-21 所示。

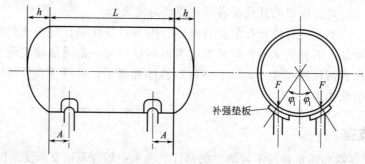

图 7-21　腿式支座

　　　卧式容器为什么一般要采用两个支座呢？这两个支座为什么采用不同的结构？

一个容器一般只允许安装两个支座，因为一旦地基下沉程度不一样或安装高度不一样，多支座会使容器受力不均，产生附加应力。为了防止因受热膨胀等对卧式容器产生附加应力，两个支座只允许一个固定的一个活动的。

2. 立式容器支座

在直立状态下工作的容器称为立式容器，立式容器的支座有耳式支座、支承式支座和裙式支座三种。

（1）耳式支座

耳式支座在立式容器中应用广泛，如图 7-22 所示，由两块肋板与容器筒体焊在一起。底板用地脚螺栓搁置并固定在基础上，为了加大支座的反力分布在壳体上的面积，以避免因

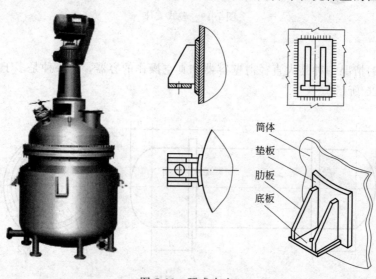

筒体
垫板
肋板
底板

图 7-22　耳式支座

局部应力过大使壳壁凹陷，必要时应在肋板和壳体之间放置加强垫板。

不锈钢制设备采用碳钢支座时，为何要使用不锈钢垫板？

不锈钢制设备采用碳钢支座时为防止器壁与支座在焊接过程中合金元素（特别是 Cr）的流失，需要使用不锈钢垫板。

（2）支承式支座

对于高度不大的直立容器，在离地面又比较低的情况下，一般采用支承式支座。支承式支座可以用钢管、角钢、槽钢和一块垫板组成，也可以用数块钢板焊成，如图 7-23 所示。

（3）裙座

裙式支座广泛应用于塔设备等高大的直立设备。常用的裙式支座有圆筒形和圆锥形两种。座体上端与塔底封头焊在一起，下端焊在基础环上。座体上可开有人孔、手孔或其他安装用孔，供安装或检修时使用，如图 7-24 所示。

图 7-23　支承式支座

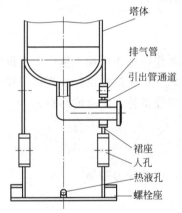

塔体
排气管
引出管通道
裙座
人孔
热液孔
螺栓座

图 7-24　裙座

知识拓展：人造水晶的制造

在化学工业、石油化学工业、粉末冶金和新型食品杀菌等领域，把超过 100MPa 的压力

称为超高压，把设计压力大于等于 100MPa（表压、不包括液体静压）的压力容器称为超高压容器。

用作光学玻璃和电子工业元件的水晶是用单晶体材料在高压下合成的，即将石英砂矿石装在超高压容器中，加入 0.3mol 的 NaOH 溶液，容器在密封下加热，使其溶解，在 150～200MPa 压力和 360～400℃高温下再结晶而得到人造水晶。

人造水晶是我国超高压技术中使用超高压容器数量最多的一个领域，全球人造水晶产量大约 3000t，我国占了约 1/3。

在生产中，固体产品的一项重要指标就是含水量，为达到这项指标，要进行有效的干燥处理。进行干燥处理的设备是干燥器，如图 7-25 所示。

图 7-25　几种常用干燥器外观

一、干燥原理

利用加热除去固体物料中水分或其他溶剂的单元操作，称为干燥。生产中所提的干燥如不特别说明，即指固体干燥。干燥是化工生产中常用的一种去湿的单元操作，干燥的主要作用是保证产品质量（固体产品的含水量）和为下一工序提供符合要求的物料。

二、干燥设备

1. 干燥设备的分类

干燥设备（又称为干燥器）按照加热方式的不同，可以分为四类。

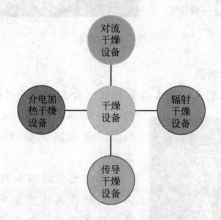

（1）对流干燥设备

使干燥介质直接与湿物料接触，热能以对流方式加入物料，产生的蒸汽被干燥介质带走。如厢式干燥设备、气流干燥设备、沸腾干燥设备、喷雾干燥设备、转筒干燥设备等。

（2）传导干燥设备

热能通过传热壁面以传导方式传给物料，产生的湿分蒸汽被气相（又称干燥介质）带走，或用真空泵排走。例如纸制品可以铺在热滚筒上进行干燥。

（3）辐射干燥设备

由辐射器产生的辐射能以电磁波形式达到物体的表面，为物料吸收而重新变为热能，从而使湿分汽化。例如用红外线干燥法将自行车表面油漆烘干。

（4）介电加热干燥设备

将需要干燥的物料置于高频电场中，电能在潮湿的电介质中变为热能，可以使液体很快升温气化。这种加热过程发生在物料内部，故干燥速率较快，例如微波干燥食品。

2. 常用干燥设备

（1）厢式干燥设备

厢式干燥设备是常压间歇干燥操作经常使用的典型设备。通常，小型的称为烘箱，大型的称为烘房，结构如图 7-26 所示。

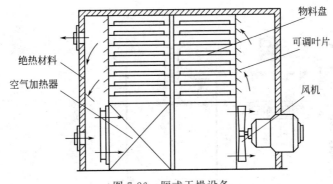

图 7-26　厢式干燥设备

厢式干燥设备的优点是构造简单，制造容易，操作方便，适应性强。由于物料在干燥过程中处于静止状态，特别适应于不允许破碎的脆性物料。缺点是间歇操作，干燥不均匀，时间长，人工装卸料，劳动强度大，操作条件差。

（2）沸腾床干燥设备

沸腾床干燥设备的工作原理是热气流以一定的速度从沸腾床干燥设备的多孔分布板底部送入，均匀地通过物料层，物料颗粒在气流中悬浮，上下翻动，形成沸腾状态，气固之间接触面积很大，传质和传热速率显著增大，使物料迅速、均匀地得到干燥。

沸腾床干燥设备分立式和卧式，立式又有单层和多层。较常用的是卧式多室沸腾干燥设备，干燥设备外形为长方形，器内用挡板分隔成 4～8 室，挡板下端与多孔分布板之间有一定间隙，使物料可以逐室通过，最后越过出口堰板排出，如图 7-27 所示。

（3）喷雾干燥器

当被干燥物料不是固体颗粒状湿物料，而是含水量（质量分数）为 75％～80％以上的浆状物料或乳浊液时，就要采用喷雾干燥。

喷雾干燥设备的工作原理是将悬浮液和黏滞的液体喷成雾状，形成具有较大表面积的分散微粒同热空气发生强烈的热质交换，迅速排除本身的水分，在几秒至几十秒内获得干燥，如图 7-28 所示。

喷雾干燥设备的优点是干燥速率快、时间极短，干燥温度低，产品具有良好的分散性和溶解性，操作稳定，可连续生产。特别适用于不能借结晶方法得到固体产品的生物制品，如

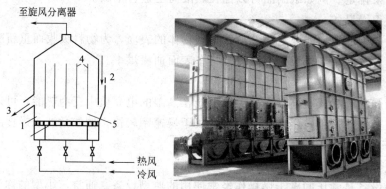

图 7-27 卧式沸腾床多室干燥设备
1—多孔分布板；2—加料口；3—出料口；4—挡板；5—物料通道

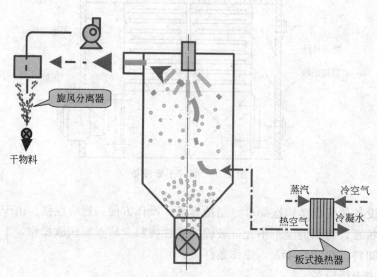

图 7-28 喷雾干燥设备的工作原理

酵母、核苷酸和某些抗生素药物、酶制剂的干燥。但此种设备容积较大，耗能大，热效率较低。

喷雾干燥设备的类型有气流式喷雾干燥设备、离心式喷雾干燥设备、压力式喷雾干燥设备。

知识链接：微波炉

微波炉是一种加热和干燥设备，它的发明纯属偶然。1945年，美国工程师斯宾塞（Percy Le Baron Spencer）在测试用于雷达装备的磁控管时，发现口袋中的巧克力棒融化了。他猜测是磁控管发射的微波烤化了巧克力，并用实验证明了这一点，微波炉因此诞生。

任务三
了解蒸发设备

蒸发设备又称蒸发器，是通过加热使溶液浓缩或从溶液中析出晶粒的设备。如图 7-29 所示，这些设备都是蒸发设备。

图 7-29　常见蒸发设备

一、蒸发的原理

1. 蒸发的定义

在化工生产过程中，蒸发是将不挥发性物质的稀溶液加热沸腾，使部分溶液汽化，以提高溶液浓度的单元操作。将溶液中的溶剂以蒸汽形式移出的过程叫蒸发；将溶剂从溶液中移出并得到浓溶液的过程叫浓缩。溶剂蒸发过程也是溶液浓缩过程。

蒸发操作可以达到的目的	获得浓缩的溶液直接作为化工产品或半成品，如电解法制烧碱
	浓缩溶液至饱和状态，用于结晶操作以获得固体溶质，如蔗糖、食盐的精制
	除杂质，获得纯净的溶剂，如海水的淡化

2. 蒸发的分类

（1）按加热方式分类

直接加热蒸发和间接加热蒸发，直接加热是将热载体直接通入溶液之中；间接加热是热能通过间壁传给溶液。

（2）按蒸发操作压力大小分类

常压蒸发、加压蒸发和减压（真空）蒸发，常压蒸发是指蒸发操作在大气压下进行，此时设备无须密封，所产生的二次蒸汽自然排空。

加压蒸发是指蒸发操作在一定压力下进行，此时设备密封，溶液上方压力高，溶液沸点也升高，所产生的二次蒸汽可用来作为热源重新利用。

减压操作是指蒸发在真空中进行，溶液上方压力是负压，溶液沸点降低，加大了蒸汽和溶液的温度差，传热速率提高，蒸发速率提高，适于热敏性溶液的浓缩。

（3）按二次蒸汽利用情况分类

单效蒸发和多效蒸发，单效蒸发是将所产生的二次蒸汽不再作为加热溶液的热源利用，而是直接送冷凝器冷凝以除去蒸发操作所产生的蒸汽。

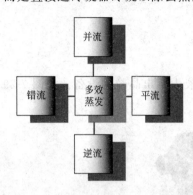

多效蒸发是将多个蒸发器串联，将产生的二次蒸汽通到另一压力较低的蒸发器作为加热蒸汽，使加热蒸汽在蒸发过程中得到多次利用的蒸发过程称为多效蒸发。

3. 多效蒸发的流程

并流：溶液与蒸汽的流向相同，称并流。

逆流：溶液与蒸汽的流向相反，称逆流。

平流：每一效都加入原料液的方法。

错流：溶液与蒸汽在有些效间成并流，而在有些效间成逆流。

二、蒸发设备

蒸发设备虽然属于传热设备但蒸发操作不仅仅要求蒸发器生产强度大，传热速率快，同时还要求产品纯度高、损失小。因此，蒸发设备的结构和操作在满足传热要求的同时，还要满足蒸发操作的特性。蒸发器的蒸发室需要有足够的分离空间；蒸发时要不断移除产生的二次蒸汽，为减少二次蒸汽的雾沫和液滴夹带量，还应增设除沫装置，以进行分离回收二次蒸汽中的雾沫和液滴，减少物料的损失，保证回收溶剂的纯度；还需配置冷凝器将二次蒸汽全部冷凝；减压蒸发时，还应配备真空装置。

按照溶液在加热室中的运动的情况，可将蒸发器分为循环型和单程型（不循环）两类。

（1）循环型蒸发器

溶液在蒸发器中循环流动，因而可以提高传热效果，操作稳定。根据引起循环运动的原因不同，可分为自然循环型和强制循环型两类。前者是由于溶液受热程度不同产生了密度差异而循环流动，后者是由于使用机械迫使溶液循环流动。

① 中央循环管式（垂直短管式）　中央循环管式蒸发器结构，如图 7-30 所示。主要由加热室、蒸发室和除沫器组成。中央粗管内溶液受热慢，密度大，下行；周围细管内溶液受热快，密度小，上行；循环流动的速度可达 0.1～0.5m/s。适用于黏度适中、结垢不严重、有少量结晶析出及腐蚀性较小溶液的浓缩。

② 外加热式蒸发器　外加热式蒸发器结构如图 7-31 所示。主要由加热器、蒸发室和循环管组成。其主要特点是加热室单独设置，可采用长加热管（管长与直径之比 50～100），液体下降管（又称循环管）不再受热。优点是循环速度较大（可达 1.5m/s）；加热室便于清洗和更换。但设备较高，热损失较大。

③ 强制循环式蒸发器　强制循环式蒸发器结构如图 7-32 所示。主要由加热器、蒸发室和循环泵组成。优点是循环速度大（2～3.5m/s）；可用于蒸发黏度大，易结晶、结垢的物料，传热系数较大。缺点是能耗大。

（2）单程型蒸发器

这类蒸发器加热管内溶液以液膜的形式一次通过加热室，不进行循环。又称为膜式蒸发器。优点是溶液停留时间短，温度差损失较小，表面传热系数较大。缺点是设计或操作不当时不易成膜，热流量将明显下降，不适用于易结晶、结垢物料的蒸发。

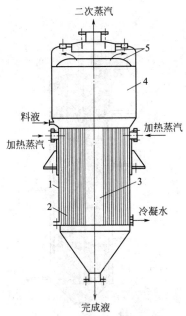

图 7-30　中央循环管式蒸发器

1—外壳；2—加热室；3—中央循环管；

4—蒸发室；5—除沫器

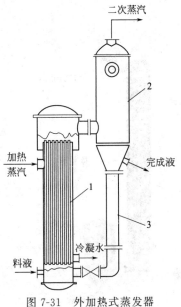

图 7-31　外加热式蒸发器

1—加热室；2—蒸发室；3—循环管

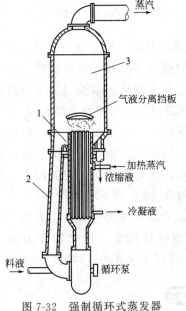

图 7-32　强制循环式蒸发器

1—加热室；2—循环管；3—蒸发室

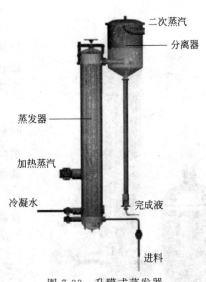

图 7-33　升膜式蒸发器

① 升膜式蒸发器　在升膜式蒸发器中形成的液膜与蒸汽流动的方向相同，由下而上的并流上升。适用于蒸发量大（较稀的溶液），热敏性及易起泡的溶液；不适用于浓度较大、黏度较高、易结晶、结垢的溶液，如图 7-33 所示。

② 降膜式蒸发器　在降膜式蒸发器中形成的液膜与蒸汽流动的方向相反，由上而下的逆流下降。由蒸发器、分离器、液体分布器组成。适用于浓度较高，黏度较大的物料，不适

用于易结晶的物料，如图 7-34 所示。

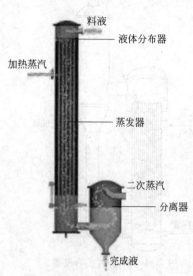

图 7-34　降膜式蒸发器

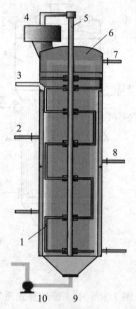

图 7-35　刮板式薄膜蒸发器

1—刮板；2—加热蒸汽；3—原料；4—电机；
5—轴；6—蒸发室；7—二次蒸汽；8—冷凝
器；9—成品；10—出料泵

③ 刮板式薄膜蒸发器　料液自顶部沿切线进入蒸发器后，在刮板的搅动下分布于加热管壁，并呈膜状旋转向下流动。二次蒸汽从上端抽出并加以冷凝，浓缩液由蒸发器底部放出。结构如图 7-35 所示。

刮板式薄膜蒸发器具有传热效率高，溶液停留时间短，适用物料广的优点，缺点是结构复杂，制造要求高，加热面不大，且需要消耗一定的动力。适应于高黏度、热敏性和易结晶、结垢的溶液。

④ 升、降膜蒸发器　主要由升膜蒸发器、降膜蒸发器、分离器及高位计量罐、预热器等组成，如图7-36所示。该设备可用于多泡沫性料液的浓缩。

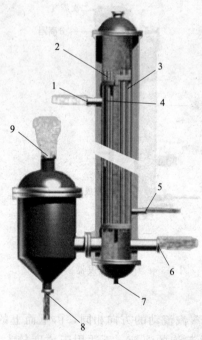

图 7-36　升、降膜式蒸发器

1—蒸汽管；2—布料器；3—升膜管；4—降膜管；5—冷凝水出口；6—进料管；7—排净管；8—浓缩液出口；9—二次蒸汽出口

素质拓展

固碱蒸发装置，是烧碱行业对固碱进行蒸发时使用的核心装置。2005 年之前，我国的烧碱项目大多使用外国企业的装置。对于进口装置的依赖导致了即使装置中一个小零件的损坏，国内也无法维修的窘境。2009 年，重庆某公司完成了全套固碱蒸发装置的研发。2010 年，首套该公司研发建设的固碱蒸发装置运行成功，至此国内掌握了固碱蒸发装置的研发、制造核心技术，宣告该技术被国外垄断时代的结束。这个重庆公司以实际行动践行了制造业高端发展的方向，面向世界成功的打造出中国自己的工业品牌。

三、辅助设备

蒸发辅助设备主要有除沫器、冷凝器等。

1. 除沫器

蒸发时，为了除去离开蒸发器的二次蒸汽中夹带的液滴，避免造成产品损失、防止污染冷凝液和堵塞管道，需在蒸汽出口设置除沫装置，常用的除沫器有两类。

（1）蒸发器内除沫器

直接安装在蒸发器顶部。由于结构形式不同而有折流板式、球形、离心式、丝网除沫器四种。其中折流板式、球形除沫器是碰撞型除沫器，当液滴或雾沫由于惯性碰到挡板上时被捕集。丝网除沫器，当二次蒸汽中夹带的液滴通过时，被截留在丝网上，该除沫器效率高。离心式除沫器，利用离心力的作用，将雾沫与二次蒸汽分离。如图 7-37、图7-38所示。

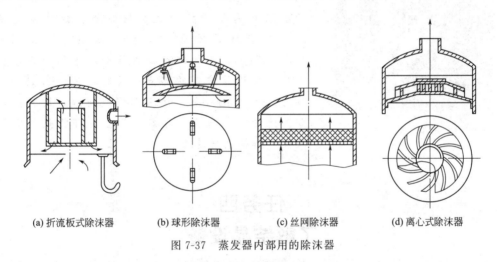

(a) 折流板式除沫器　　　(b) 球形除沫器　　　(c) 丝网除沫器　　　(d) 离心式除沫器

图 7-37　蒸发器内部用的除沫器

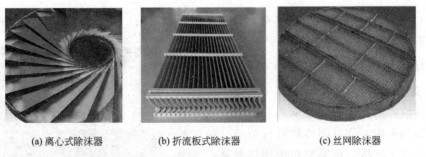

(a) 离心式除沫器　　　　(b) 折流板式除沫器　　　　(c) 丝网除沫器

图 7-38　蒸发器内部用的除沫器实例

（2）蒸发器外除沫器

安装在蒸发器的外部。其形式有折流式除沫器、离心式除沫器，如图 7-39 所示。

2. 冷凝器

在真空浓缩或需要回收溶剂时都需要冷凝器，它的作用是将二次蒸汽冷凝成液体。

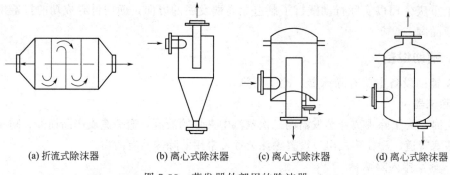

(a) 折流式除沫器　　(b) 离心式除沫器　　(c) 离心式除沫器　　(d) 离心式除沫器

图 7-39　蒸发器外部用的除沫器

知识拓展：旋转蒸发器

旋转蒸发器是实验室广泛应用的一种蒸发仪器。适用于回流操作、大量溶剂的快速蒸发、微量组分的浓缩和需要搅拌的反应过程等。旋转蒸发器系统可以密封减压至 $400 \sim 600mmHg$（$1mmHg=133.322Pa$）；用加热浴加热蒸馏瓶中的溶剂，加热温度可接近该溶剂的沸点；同时还可进行旋转，速度为 $50 \sim 160r/min$，使溶剂形成薄膜，增大蒸发面积。此外，在高效冷却器作用下，可将热蒸气迅速液化，加快蒸发速率。

任务四
了解结晶设备

图 7-40 中晶莹剔透的物质是水晶、食盐、白糖和味精，它们都是晶体。工业上要想得到晶体，需要结晶设备。

一、结晶原理

1. 定义

结晶是溶解的逆过程，是从均一的溶液相中析出固体晶体的操作，是对固体物进行分离、纯化的单元过程。由于结晶是从液相析出固体晶体，产生新的物相，所以是传质过程。

溶质在不同温度下，对同一种溶剂有不同的溶解度，一般物质的溶解度随温度的升高而增大。

图 7-40　美丽的晶体

2. 结晶原理

饱和溶液：浓度恰好等于溶质的溶解度，即达到固液相平衡时的溶液。

过饱和溶液：含有超过饱和量的溶质的溶液。

将一个完全纯净的溶液在不受任何扰动（无搅拌，无振荡）及任何刺激（无超声波等作用）的条件下，缓慢降温，就可以得到过饱和溶液。但超过一定限度后，澄清的过饱和溶液就会开始自发析出晶核。

> 要使溶液达到过饱和的方法有哪些？
> 将热的饱和溶液冷却（适用于溶解度随温度降低而显著减小的物料）；蒸发掉部分溶剂（适用于溶解度随温度变化不显著的物料）；化学反应沉淀结晶（适用于加入某些化学反应剂或调节 pH 值就能使物料在溶剂中的饱和溶解度有非常明显改变的物料）；盐析结晶（适用于当在溶液中加入另一种物质，能使物料在溶液中的溶解度降低的物料）。

二、结晶设备

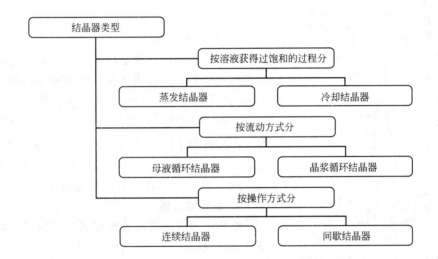

常用的结晶器主要有以下几种。

1. 结晶槽

一种槽形容器，器壁设有夹套或器内装有蛇管，用以加热或冷却槽内溶液，如图7-41所示。结晶槽可用作蒸发结晶器或冷却结晶器。为提高晶体生产强度，可在槽内增设搅拌器。结晶槽可用于连续操作或间歇操作。间歇操作得到的晶体较大，但晶体易连成晶簇，夹带母液，影响产品纯度。这种结晶器结构简单，生产强度较低，适用于小批量产品（如化学试剂和生化试剂等）的生产；连续操作的生产能力大，占地面积小，但机械传动部分和搅拌部分结构繁杂，冷却面积受到限制，溶液过饱和度不易控制。适于处理高黏度的液体。

2. 循环式蒸发结晶器

能控制晶粒度的大小，有多种，较常用的为真空蒸发-冷却型循环式结晶器。如图 7-42所示的强制循环蒸发结晶器就是常用的一种类型。操作时，料液自循环管下部加入，与离开结晶室底部的晶浆混合后，由泵送往加热室。晶浆在加热室内升温（通常为 2～6℃），但不发生蒸发。热晶浆进入结晶室后沸腾，使溶液达到过饱和状态，于是部分溶质沉积在悬浮晶

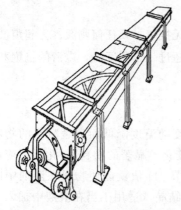

图 7-41　长槽搅拌式连续结晶器

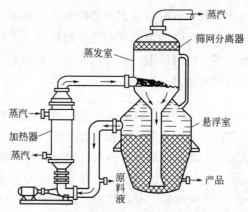

图 7-42　强制循环蒸发结晶器

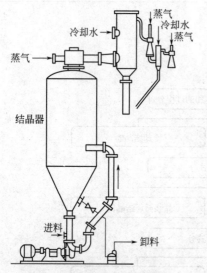

图 7-43　连续式真空结晶器

粒表面上，使晶体长大。作为产品的晶浆从循环管上部排出。强制循环蒸发结晶器生产能力大，但产品的粒度分布较宽。

3. 真空结晶器

真空结晶器的原理是结晶器中热的饱和溶液在真空绝热条件下溶剂迅速蒸发，同时吸收溶液的热量使溶液的温度下降。一般设有加热器或冷却器，料液在结晶器内闪蒸浓缩并同时降低了温度，因此在产生过饱和度的机制上兼有蒸除溶剂和降低温度两种作用，很快达到过饱和而结晶。真空结晶器有间歇式和连续式两种，图 7-43 是连续式真空结晶器。

4. 釜式结晶器

结构与搅拌反应釜几乎相同，可以说是将搅拌反应釜这种设备应用于结晶操作。

知识拓展：许愿晶灵与魔幻水晶

最近流行的许愿晶灵与魔幻水晶是利用高温饱和溶液，降温后加上水分蒸发作用会变成过饱和溶液，过饱和溶液中所析出的结晶分子将会不断地被吸附到晶种上，晶种因此会渐渐地长大，形成所谓的结晶。将原本费时百万年才能出现的结晶体，在短时间内迅速成形，让更多人可以亲手创作出自己专属的结晶，亲眼看见难得一见的结晶世界。

任务五
了解离心设备

炎热的夏季，喝一杯冰凉的现榨果汁，该有多么的惬意！如图 7-44 所示的榨汁机就是一种离心设备，它是利用离心力实现固液分离的。

图 7-44　榨汁机及其内网

一、离心分离

1. 离心分离原理

离心分离是利用质量不同的颗粒在离心力场中所受离心力不同，从而达到分离两种密度不同而又互不相溶的悬浮液的过程。在特定溶剂中颗粒密度越大，移动速度越大，密度不同的颗粒移动速度不同。

2. 离心分离的特点

	利用离心力分离非均相混合物
离心分离的特点	主要部件是一个载着物料高速旋转的转鼓，产生的离心力很大，故保证设备的机械强度和安全是极重要的要求
	可以分离出用一般过滤方法除不去的小颗粒
	可以分离包含两种以上不同的液体混合物

二、离心设备

由于离心力的作用而实现悬浮液分离的设备称离心设备。离心设备有一个绕本身轴线高速旋转的圆筒，称为转鼓，通常由电动机驱动。悬浮液（或乳浊液）加入转鼓后，被迅速带动与转鼓同速旋转，在离心力作用下各组分分离，并分别排出。通常，转鼓转速越高，分离效果也越好。

1. 分类

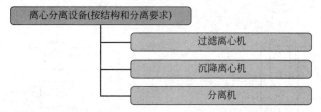

离心分离设备(按结构和分离要求)
- 过滤离心机
- 沉降离心机
- 分离机

（1）过滤式离心机

悬浮液在离心力场下产生的离心压力，作用在过滤介质（滤网或滤布）上，使液体通过过滤介质成为滤液，而固体颗粒被截留在过滤介质表面，形成滤渣，从而实现液固分离。过滤型转鼓圆周壁上有孔，在内壁衬过滤介质。

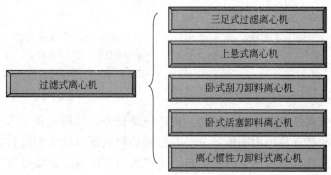

过滤式离心机
- 三足式过滤离心机
- 上悬式离心机
- 卧式刮刀卸料离心机
- 卧式活塞卸料离心机
- 离心惯性力卸料式离心机

（2）沉降式离心机

利用密度不同的颗粒在离心力场中所受离心力不同，迅速沉降分层的原理，实现两种密度不同而又互不相溶的料液分离。

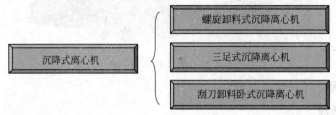

（3）分离式离心机

仅适用于分离低浓度悬浮液和乳浊液，非均相液体混合物被转鼓带动旋转时，密度大的趋向器壁运动，密度小的集中于中央，分别从靠近外周和中央位置溢流而出。

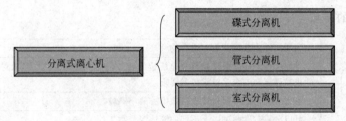

2. 典型设备

（1）旋风分离器

旋风分离器是利用离心分离的原理进行气固物料分离的设备，由于其结构简单，造价低廉，阻力较小，没有运动部件，操作条件适应范围大，分离效率高而得到广泛应用，如图7-45所示。

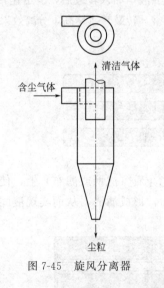

图 7-45　旋风分离器

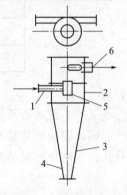

图 7-46　旋液分离器

1—悬浮液入口管；2—圆筒；3—锥形桶；
4—底液出口；5—中心管；6—溢流出口管

（2）旋液分离器

旋液分离器是分离悬浮液中固体颗粒的离心沉降设备，其构造及工作原理与旋风分离器类似。与后者不同的是直径小而圆锥部分长，这样的构造既可以增大离心力，又可以延长停留时间。旋液分离器具有体积小、结构简单、生产能力大的特点，缺点是阻力损失较大，设备磨损严重，如图 7-46 所示。

（3）管式离心机

管式离心机的转鼓由顶盖、带空心轴的底盖和管状转筒组成。待处理的物料以一定压力由进料管经底部空心轴进入鼓底，靠圆形折转挡板分布于鼓四周。鼓内设有十字形挡板，液体在鼓内由挡板被加速到转鼓速度，在离心力场作用下，乳浊液（或悬浮液）沿轴向上流动的过程被分成轻液相和重液相，通过上方环状溢流口排出，结构如图 7-47 所示。

图 7-47　管式离心机

图 7-48　三足式离心机

（4）三足式离心机

三足式离心机是一种常用的人工卸料的间歇式离心机，图 7-48 为其外观图。离心机的主要部件是一篮式转鼓，壁面钻有许多小孔，内壁衬有金属丝及滤布。整个机座和外罩借三根弹簧悬挂于三足支柱上，以减轻运转时的振动。

三足式离心机的特点是结构简单，操作平稳，转鼓转速高，占地面积小，过滤推动力大，过滤速率快，滤饼的湿含量可以用过滤时间控制，滤饼可洗涤，特别对结晶状或纤维状固体物料的脱水效果较好。但由于滤饼从转鼓上方人工卸料，滤布需人工清洗，劳动强度较大，生产能力较低。

（5）刮刀卸料式离心机

图 7-49 为刮刀卸料式离心机的示意图。悬浮液从加热管进入连续运转的卧式转鼓，机内设有耙齿以使沉积的滤渣均布于转鼓内壁。当滤饼达到一定厚度时，停止加料，进行洗

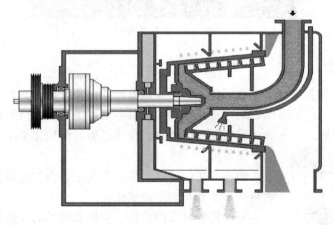

图 7-49　刮刀卸料式离心机

涤、沥干。然后，借液压传动的刮刀逐渐向上移动，将滤饼刮入卸料斗卸出机外，然后清洗转鼓。整个操作周期均在连续运转中完成，每一步骤均采用自动控制的液压操作。适合分离粗颗粒，固液比较大的悬浮液；不适合分离胶状物料和摩擦系数高的物料。

知识拓展：医用离心机

当我们需要进行血液检查时，会发现大多数医生都会把采完血的采血管放到离心机内进行离心。医院里不同的检查会使用不同的离心机，比如做血比容用毛细管离心机，做简单的血常规可以选台式低速离心机。

医用离心机主要有过滤型离心机和沉降型实验离心机两类。过滤型离心机的工作原理主要是通过离心力，将混合液甩向转鼓壁，液体通过转鼓壁上的小孔及内部的滤网流出，而固体被滤网所截留。沉降型实验离心机是通过固液体（或液液体）不同的密度差，密度较大的物料会先沉积在转鼓壁内侧，较轻的物料则在内侧形成液环，达到分离要求。

任务六
了解破碎设备

图 7-50 中的设备是破碎设备。它们是以机械方式粉碎固体原料、半成品或成品的设备。

图 7-50 常见破碎机

一、破碎原理

破碎机就是以机械方式将大块固体原料、半成品或成品粉碎成适用程度的碎块、细粉或

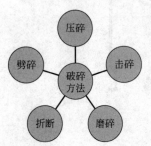

微粉的过程，其目的是破碎后增加物料单位质量的表面积，改善固体物料参与的传热、传质过程，增快化学反应速率，或提高化学产品质量。

破碎方法的选择，主要取决于物料的物理机械性质，被破碎物料的尺寸和所要求的破碎比。

对于硬物料采用挤压、劈碎和折断的方法较为合适；对于黏性物料可采用挤压和磨碎的方法；对于脆性物料宜采用劈碎和击碎的方法。

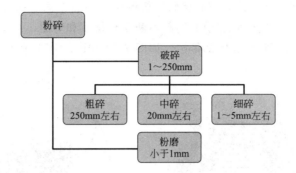

二、破碎设备

1. 辊式破碎机

辊式破碎机是最古老的一种破碎设备，它结构简单，调整破碎比方便。它的工作部件是两个相对旋转的圆柱形辊筒，两辊筒之间有一定距离，如图7-51所示。

目前使用最多的是一个辊子轴承座固定，另一个辊子轴承座是活动的光滑辊面的双辊破碎机，简称对辊。辊式破碎机有双辊式破碎机、单辊式破碎机两种。双辊式通常用于中、细碎，单辊式又叫颚辊式破碎机，用于中等硬度黏性物料的粗碎（如石灰石，硬质黏土，煤块等）。

辊式破碎机的工作原理是在物料与辊子之间的摩擦作用下，物料被辊子带到相对旋转的圆柱形辊筒之间的缝隙中而被破碎，破碎后的物料在重力和转辊的作用下被排出。

图7-51　辊式破碎机

破碎过程是连续的，有强制排料的作用，所以不易产生堵塞现象。

2. 颚式破碎机

颚式破碎机构造简单，便于维修，能处理的物料块度范围较大。在耐火材料厂，采用颚式破碎机作为第一段破碎设备，常用来粗碎和中碎难碎性及中等可碎性物料，如黏土熟料、高铝熟料、硅石、烧结镁砂、烧结白云石、废砖等。

颚式破碎机工作原理是可动颚板围绕偏心轴对固定颚板做周期性的往复摆动，时而靠近，时而离开。当可动颚板靠近固定颚板时，处于两颚板间的物料受到压碎和弯曲折断的联合作用而破碎。当动颚板离开固定颚板时，已破碎好的物料在重力作用下经排料口排出，而大于排料口的物料留在破碎腔内再次破碎，如图7-52所示。

颚式破碎机是间歇工作，工作行程——破碎物料，空转行程——排料。

3. 圆锥破碎机

圆锥破碎机可中碎和细碎各种不同硬度的物料，是一种连续作业，效率较高的破碎设备。在耐火材料厂，常采用圆锥破碎机作为第二段的细碎设备，用来细碎各种不同硬度的物料。

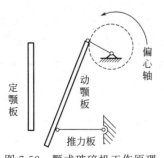

图7-52　颚式破碎机工作原理

它的工作原理与颚式破碎机相类似，活动圆锥（动锥）和固定圆锥（定锥）共同构成一个环形破碎腔，动锥以 $O\text{-}O'$ 轴为中心绕破碎机的中垂线做锥面悬摆运动。动锥的锥面时而靠近时而离开定锥锥面，使破碎腔中的物料不断受到挤压和弯曲，冲击，磨碎作用，被破碎的物料靠自重和离心力从破碎腔底部排出，如图 7-53、图 7-54 所示。

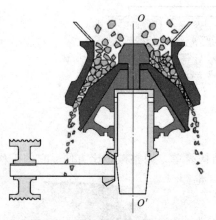

图 7-53　圆锥破碎机工作原理

图 7-54　圆锥破碎机

圆锥破碎机是一种连续作业，效率较高的破碎设备。

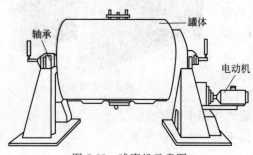

图 7-55　球磨机示意图

4. 球磨机

球磨机是物料被破碎之后，再进行粉碎的关键设备，如图 7-55 所示。罐体中装有磨球，物料从左端进入筒体内，逐渐向右方扩散移动，在自左至右的运动过程中，当转速一定时，在罐体内侧面的磨球从一定高度落下，物料受到磨球的冲击、研磨而被逐渐粉碎，最终从右端排出体外。球磨机是工业生产中广泛使用的高细磨机械之一，其种类有很多，如管式球磨机、棒式球磨机、水泥球磨机、超细层压磨机、手球磨机、卧式球磨机等。

知识拓展：一种新型破碎机——循环切搓破碎机

循环切搓破碎机是将卧式结构的破碎机变为从顶端投料，物料随自己体型变化从上到下分级自由下落进行切削或剪搓的立式机型，循环切搓破碎机采用三级破轮和多级"磨头"，把撞击硬打变为切削或剪搓，一机多用把原来需要七、八道工序完成的作业，一次性自动循环破碎，直接破碎达到使用要求。循环切搓破碎机的产量可以提高到 $180\sim900\text{t}$ 以上；能量损耗降低 60%；人工减少 70%；占地面积缩小 80%；过破粉率降低了 90%；效率提高了 $300\%\sim500\%$，劳动强度大大降低，综合效益大幅提高。

 项目小结

1. 化工容器的基础知识

化工容器基本结构有筒体、封头、支座、接管等。按作用方式可分为内压、外压和常压容器。

2. 法兰连接

法兰连接密封原理是靠紧固螺栓压紧垫片实现密封的。

法兰分类有按法兰接触面分为窄面法兰和宽面法兰；按法兰和设备或管道的连接方式分整体法兰、松套法兰和螺纹法兰两种分类方法。

常见密封面形式有平面型、凹凸型、榫槽形、锥形和梯形密封面。

法兰标准有两种，压力容器法兰标准和管法兰标准。

3. 容器常见附件

常见附件有接管、人手孔、视镜、安全阀、容器支座等。

开孔补强的形式是整体补强和局部补强。

4. 其他类型设备

干燥设备、蒸发设备、结晶设备、离心设备和破碎设备。

思考与练习

1. 化工容器的基本结构有哪些？

2. 内压容器按承压大小如何分类？

3. 法兰连接密封原理是怎样的？有哪些常见密封面形式？

4. 容器开孔后为何需要补强？是否所有开孔都需补强？

5. 法兰的工作压力和公称压力是否相同？

6. 卧式容器的支座为何一般采用两个？

7. 要使溶液达到过饱和的方法有哪些？

8. 除沫器的作用和常见类型有哪些？

9. 离心分离的特点有哪些？

10. 常见的破碎方法有哪些？

了解化工管路及管钳工基本操作

① 了解化工管路的作用和构成；

② 了解管子、管件、阀门的结构、型号含义，会查询有关规范；

③ 了解管钳工常用工量具的用途；

④ 了解化工管路最常见的故障与原因。

▶▶ 任务一
了解化工管路及组成

反应器、压缩机等化工设备，它们所处理的物料是怎么来的，又是怎么走的？如果把前面学习到的化工设备比作人类的心脏、肝脏等各个专项功能的器官，那么化工管路就是连接各个器官的血管。图 8-1 为化工厂远眺图片，图 8-2 为化工管路局部图片。

图 8-1　化工厂远眺图片

图 8-2　化工管路局部图片

化工管路是管子、管件、阀门及管架的总称。

在化工生产中，必须通过管路来输送和控制流体介质。除此之外，在某些情况下，管路本身也同化工设备一样完成某些化工过程（如吸收、冷却）。

一、化工管路的标准化

管子、管件和阀门有大有小、有薄有厚，形形色色，它们怎样才能连接在一起，并且功能相符呢？

为了统一管路各个组成件的参数、结构和功能，制定了统一的规范，实现了管路的标准化。为化工管路的设计、安装和维修提供了方便。

化工管路标准化最重要的两个内容是直径和压力的标准化和系列化。

1. 直径

（1）什么是公称直径

公称直径又叫公称通径，是管路系统中管子、管件、阀门等匹配选择的通用标准尺寸。公称直径不是外径，也不是内径，而是近似内径的一个名义尺寸。

管子的公称直径和其内径、外径都不相等，例如，公称直径为 100mm 的无缝钢管有 102×5、108×5 等好几种。

（2）公称直径的作用

公称直径是管路系统中各种管子与管路附件的通用口径。同一公称直径的管子与管路附件均能相互连接，具有互换性。

（3）公称直径的表示方法

用字母"DN"后面紧跟数字来表示。其中"DN"表示"公称直径"，后面紧跟数字表示它的具体数值，可用公制单位毫米（mm）表示，也可以用英制单位英寸（in）表示。

> DN100 表示公称直径为 100mm。
>
> 先判断可不可以采用 128mm 作为公称直径，再查阅规范看看是否正确。

2. 压力

（1）公称压力

公称压力是为设计、制造和维修方便而规定的标准压力，是管道系统耐压能力的主要参考数值。

公称压力用"PN"后面紧跟数字来表示。其中"PN"表示"公称压力"，后面紧跟的数字表示它的具体数值，用兆帕（MPa）表示。例如，PN4.0 表示公称压力为 4.0MPa。

> 某装置，经过计算公称压力应该大于 1.36MPa。考虑公称压力越大的管路，材料壁厚应该越厚，为了节省成本，应该采用公称压力 1.4MPa。可以吗？
>
> 公称压力不是任意采用数值，它必须从规范里选用！

（2）工作压力

工作压力是指管道正常工作状态下，作用在管内壁的持续运行压力。

工作压力用 p，加上以工作温度除以 10 所得的整数值标于右下角（因管材强度随温度升高而降低），后面紧跟具体数值表示。

> $p_{25}1.0$，表示最高工作温度不超过 250℃时工作压力为 1.0MPa。

（3）试验压力

试验压力是以水为介质，对管路进行强度和密封性检查试验而规定采用的压力值，以符

号 p_s 表示。

试验压力通常为公称压力的 1.5～2 倍，具体数值根据公称压力从规范中选用。

二、管子

1. 金属管

用金属材料制成的管子，包括钢管、铸铁管、铜管、铝管、铅管等。其中的有缝钢管耐压低，无缝钢管能耐高压；铸铁管耐腐蚀，但材质较脆，不宜用于较高压力和局部冷、热的场合，如图 8-3 所示。

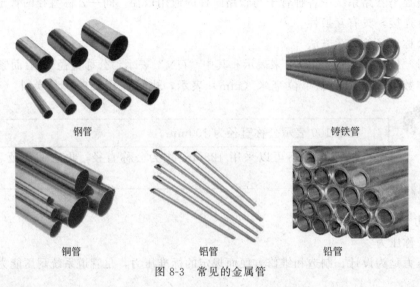

钢管　　　　　　　　　　　　　铸铁管

铜管　　　　　　铝管　　　　　　铅管

图 8-3　常见的金属管

2. 非金属管

用非金属材料制成的管子，包括塑料管、尼龙管、石英玻璃管、玻璃钢管、耐酸陶瓷管、橡胶管等，如图 8-4 所示。

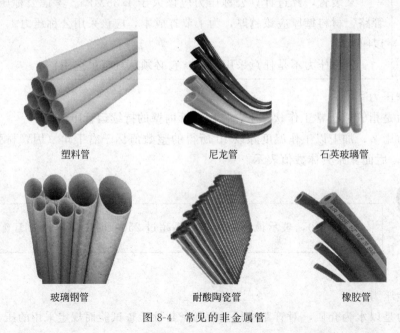

塑料管　　　　　　尼龙管　　　　　　石英玻璃管

玻璃钢管　　　　　　耐酸陶瓷管　　　　　　橡胶管

图 8-4　常见的非金属管

3. 衬里管

在金属管（主要是钢管）的内表面衬上一层其他材料制成的管子，具有强度高、耐腐蚀的特点。衬里材料包括衬铅、铝、不锈钢、橡胶、塑料等，如图 8-5 所示。

图 8-5　衬里管

三、管件

1. 水、煤气钢管管件

包括内螺纹管接头、外螺纹管接头、内外螺纹管接头、活管接头、异径管、等径弯头、异径弯头、等径三通、异径三通、等径四通、异径四通、外六角堵头、管帽、锁紧螺母等，如图 8-6 所示。

内螺纹管接头　　外螺纹管接头　　内外螺纹管接头

活管接头　　异径管　　等径弯头

异径弯头　　等径三通　　异径三通

等径四通　　异径四通　　外六角堵头

管帽　　锁紧螺母

图 8-6　常用管件

2. 电焊钢管管件

包括弯头、鸭颈管、回折管等，如图 8-7 所示。

| (a) 弯头 | (b) 鸭颈管 | (c) 回折管 |

图 8-7　电焊钢管管件

3. 铸铁管管件

松套法兰是一种铸铁管管件，如图 8-8 所示。

图 8-8　松套法兰

四、阀门

1. 什么是阀门

阀门是用来控制化工管路和设备流动介质的流量、压力、流向的一种装置。

2. 阀门的型号

标准 JB/T 308—2004《阀门型号编制方法》对阀门型号编制方法做了具体规定。阀门型号由阀门类型、驱动方式、连接形式、结构形式、密封面材料或衬里材料类型、压力代号或工作温度下的工作压力、阀体材料七部分组成，需要时查阅有关规范。

3. 常见阀门的作用和特点

（1）旋塞阀

结构简单、开关迅速、流体阻力小。普通旋塞阀靠精加工的金属塞体与阀体间的直接接触来密封，所以密封性较差，启闭力大，容易磨损，通常只能用于低压力（不高于 1MPa）和小口径（小于 100mm）的场合，如图 8-9 所示。

图 8-9　旋塞阀　　　　图 8-10　安全阀　　　　图 8-11　节流阀

（2）安全阀

用在受压设备或管路上，作为超压保护装置。当设备或管路内的压力升高超过允许值时，阀门自动开启排放；当压力降低到规定值时，阀门应自动及时关闭，从而保护设备或管路的安全运行，如图 8-10 所示。

（3）节流阀

节流阀是通过改变节流截面或节流长度以控制流体流量的阀门。一般用于负载变化不大或对速度稳定性要求不高的场合，如图 8-11 所示。

（4）截止阀

通过改变流通截面面积来改变流量，直至关闭，是调节流量的主要类型，如图 8-12 所示。

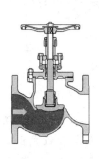

图 8-12　截止阀　　　　　　　　　　　　图 8-13　疏水阀

（5）疏水阀

主要作用是排除蒸汽设备、管道内的冷凝水，并阻止蒸汽通过，如图 8-13 所示。

（6）止回阀

又叫单向阀、止逆阀，作用是保证流体单向流动。如图 8-14 所示。

图 8-14　止回阀　　　　　　　图 8-15　蝶阀　　　　　　　图 8-16　球阀

（7）蝶阀

关闭件（阀瓣或蝶板）为圆盘，围绕阀轴旋转来达到开启与关闭的一种阀，在管道上主要起切断和节流作用，如图 8-15 所示。

（8）球阀

具有旋转 90°的动作，旋塞体为球体，有圆形通孔或通道通过其轴线。主要用来做切断、分配和改变介质的流动方向。如图 8-16 所示。

（9）闸板阀

最常用的截断阀之一，主要用来接通或截断管路中的介质，不运用于调节介质流量。运用的压力、温度及直径范围很大，尤其运用于中、大直径的管道。如图 8-17 所示。

（10）减压阀

作用是将一个高的压力减到所需要的合适压力，保护减压阀阀后的其他元件不被高压所破坏，同时保证出口压力的稳定，如图 8-18 所示。

图 8-17　闸板阀

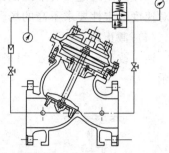

图 8-18　减压阀

知识拓展

公元前两千多年前，中国人就在输水管道上使用了竹管和木塞阀，以后又在灌溉渠道上使用水闸，在冶炼用的风箱上使用板式止回阀，在井盐开采方面使用竹管和板式止回阀提取盐水。随着冶炼技术和水力机械的发展，在欧洲出现了铜制和铅制旋塞阀。随着锅炉的使用，1681 年又出现了杠杆重锤式安全阀。

工业阀门的应用，是从瓦特发明蒸汽机以后才开始的。二十世纪初出现了铸铁、铸钢、锻钢、不锈钢、铬钼钢、黄铜等各种材质的阀门，应用于各个行业各种工况。

五、管架

管架的作用是对管路进行支承和固定。包括支架和吊架两大类，如图 8-19、图 8-20 所示。

图 8-19　支架　　　　　　　　　　　　　　图 8-20　吊架

六、管路的连接方法

1. 法兰连接

法兰连接是一种可拆式连接，它由法兰、垫圈、螺栓和螺母等零件组成，拆卸方便，密封可靠，如图 8-21 所示。

图 8-21　法兰连接　　　　　　　　　　　　图 8-22　螺纹连接

2. 螺纹连接

螺纹连接是一种可拆式连接，螺纹连接的管子端部加工成一段外螺纹，由带内螺纹的管箍、其他带内螺纹的管件以及活接头和垫片组成，如图8-22所示。

3. 焊接连接

焊接连接是一种不可拆式连接，它是用焊接的方式将管道和各管件、阀门等直接焊成一体，如图8-23所示。

图8-23 焊接连接

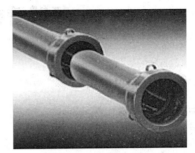

图8-24 承插连接

4. 承插连接

承插连接是对于铸铁管路和非金属管路（如水泥管）的连接方式，如图8-24所示。

七、管路的保温

1. 保温的目的

① 温度高于环境的管路，减少散热；

② 温度低于环境的管路，减少吸热；

③ 保持环境在适宜温度，改善劳动条件。

2. 保温材料

保温材料应具有隔热性好、吸湿小、材质轻、价格低、容易获得等特点。常用的有石棉、硅藻土、高分子泡沫、玻璃纤维、混凝土、软木砖和木屑等。

3. 保温装置的结构

保温装置通常在管路外层涂防锈漆，然后覆保温层，再用铁丝捆扎，最外一层覆保护层。

八、管路的涂色

为了区别不同介质的管路，通常在管路表面涂上不同颜色。

涂色分两种，一是涂单一的颜色，二是在底色上加色环（通常每隔2m一个色环，环宽50～100mm）。

国标对管路涂色进行了规定。

能力拓展：望闻问切

"望"就是首先对管路进行全面、细致的观察，看是否有跑冒滴漏现象；"闻"，利用嗅觉对管路进行检查，看是否有异常气味的出现；"问"是最重要的一个环节，接班的职工要对交班的职工询问上一个时段的运营情况，现场倾听管路运转的声音；"切"，用手或辅助设备接触管路上可以接触的部位，感觉温度、振动等是否正常。

振动是化工管常见故障，主要原因一是动设备振动的传导引

起，二是输送介质的振动引起。

泄漏是化工管路另一常见故障，通常出现的泄漏点有法兰连接处、螺纹连接处和管子有缺陷的地方。应针对性加强检查。

任务二
了解管钳工基本常识

一、管钳工常用设备

1. 台虎钳

作用是装夹工件，如图 8-25 所示。

图 8-25　台虎钳

图 8-26　砂轮机

2. 砂轮机

作用是刃磨刀具，如图 8-26 所示。

3. 钻床

用于圆孔的加工的机器，如图 8-27 所示。

图 8-27　钻床

图 8-28　弯管机

4. 弯管机

作用是把直管加工到预定形状，如图 8-28 所示。

二、常用工具与作用

1. 手锤与錾子

在手锤的打击下，錾子对工件进行切削加工，如图 8-29 所示。

图 8-29　手锤与錾子

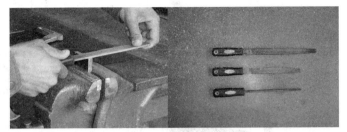

图 8-30　锉刀

2. 锉刀

锉刀表面上有许多细密刀齿，是用于锉光工件的手工工具，如图 8-30 所示。

3. 手锯

用于对材料或工件进行切断或切槽，如图 8-31 所示。

图 8-31　手锯

图 8-32　丝锥

4. 丝锥

用于在已有的孔上加工内螺纹，即攻丝，如图 8-32 所示。

5. 板牙

用于在圆柱工件上加工外螺纹，即套丝，如图 8-33 所示。

图 8-33　板牙

6. 扳手

用于旋转带有内或外螺纹的零件，如图 8-34 所示。

活动扳手

固定扳手

内六角扳手

外六角扳手

图 8-34　扳手

7. 管钳

用于旋转圆柱形零件，如图 8-35 所示。

图 8-35　管钳

图 8-36　切管器

8. 切管器

用于切断管子，如图 8-36 所示。

三、常用量具

1. 钢直尺

用于测量长度，精确度不高，如图 8-37 所示。

图 8-37　钢直尺

2. 90°角尺

用于测量垂直度的量具，如图 8-38 所示。

3. 游标卡尺

用于测量实心体或孔类长度，见图 8-39。

图 8-38　90°角尺

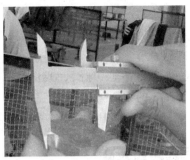

图 8-39　游标卡尺

4. 千分尺

用于精确测量实心体长度，见图 8-40。

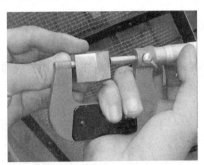

图 8-40　千分尺

图 8-41　万能角尺

5. 万能角尺

用于测量各种角度，见图 8-41。

6. 塞尺

用于测量间隙，见图 8-42。

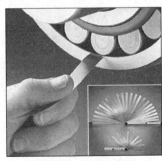

图 8-42　塞尺

图 8-43　百分表

7. 百分表

用来测量相对面与表的支撑件距离的变动量。可以测量工件的跳动、可量出物体的垂直度、平行度等数据，见图 8-43。

 项目小结

1. 化工管路标准化

公称直径、公称压力。

2. 管路连接

法兰连接、螺纹连接、焊接连接、承插连接。

3. 阀门

旋塞阀、安全阀、球阀、截止阀、节流阀、止回阀、疏水阀、减压阀、闸板阀。

4. 管钳工的主要工具

錾子、锉刀、手锯、丝锥、板牙、扳手、管钳、切管器。

思考与练习

1. 化工管路主要由什么构成？

2. 你家里的自来水管和排污管，对耐压力有什么不同要求？

3. 现场检查化工管路，应主要检查哪些地方？

4. 两位同学配合，自选工具，把家里或学校里废旧的自来水龙头进行拆卸，看看它属于哪种型号的阀门。

5. 教室门和门框配合的间隙，应该用什么量具测量？实际测一下看看间隙是多少。

参考文献

［1］ 章红，陈晓峰．化学工艺概论．北京：化学工业出版社，2010.

［2］ 罗世烈．化工机械基础．北京：化学工业出版社，2008.

［3］ 原学礼．化工机械维修管钳工工艺．北京：化学工业出版社，2005.

［4］ 马秉骞．化工设备使用与维护．北京：高等教育出版社，2007.

［5］ 宋天民．炼油厂静设备．北京：中国石化出版社，2006.

［6］ 王绍良．化工设备基础．北京：中国石化出版社，2012.

［7］ 路振山．生物与化学制药设备．北京：化学工业出版社，2010.

［8］ 潘传九．化工设备机械基础．第2版．北京：化学工业出版社，2007.

［9］ 孙季．化工设备．北京：化学工业出版社，2000.

［10］ 赵杰民，陈刚．有机化工厂装备．北京：化学工业出版社，1991.

［11］ 管来霞．化工设备与机械．北京：化学工业出版社，2010.

［12］ 周晓峰．钳工知识与技能．北京：中国劳动社会保障出版社，2007.

［13］ 李成飞，颜廷良．化工管路与设备．北京：化学工业出版社，2011.

［14］ 沈晨阳．化工单元操作．北京：化学工业出版社，2013.

［15］ 朱建民，董文静．化工单元操作．北京：北京师范大学出版社，2012.

［16］ 李祥新，朱建民．化工单元操作．北京：化学工业出版社，2009.

中等职业教育专业技能课教材——化学工艺专业

化学工艺概论（第二版）	章　红　陈晓峰
HSEQ 与清洁生产（第二版）	赵　薇　周国保
化工单元操作	沈晨阳　廖志君　吕晓莉
化工自动化（第二版）	蔡夕忠
化工设备基础	刘尚明
石油炼制（第二版）	曾心华
有机化工工艺及设备	栗　莉　吕晓莉
合成氨工艺及设备	魏葆婷
无机物工艺及设备	杨雷库　梅鑫东
氯碱 PVC 工艺及设备	周国保　丁惠平
煤气化工艺及设备	崔世玉　孙卫民
炼焦工艺及设备	董树清　郗向前　郑月慧